Bufu Shejian
Bufu Qing

不负舌尖
不负卿

味之道

· 李韬 著

旅游教育出版社

·北京·

不负舌尖不负卿

"安得世上双全法，不负如来不负卿"！这是历史上一句很有名的诗句，出自法王仓央嘉措。

佛教仿佛是出世的，枯木、寒岩、古庙、青灯。然而出了一个仓央嘉措，他既不能抛弃红尘里温暖的情爱，又无法丢弃弘法的重任。度人者谁度？他给自己出了一个难题，给我们留下无尽的唏嘘。

这也许是个死局。然而总是不甘心的，于无声处呐喊，不论一时的欢欣还是长久的悲鸣都化为诗句里跳跃的字字珠玑。

这是一种发生在心灵深处的撞击。这种撞击，于我，一个小小的凡人，只能让我说出："唯有爱与美食，将永存于世。"可是这些，又都不过是一瞬的事情。那些凝结千百年人文积淀的美食，在历史幽深的甬道里不过是一瞬间；可是那一瞬间的感悟，对我们每个个体来说，又可能是永恒的。

那一瞬，确实不过一瞬——一瞬的花开，一瞬的花落，一瞬的爱如电光火石，一瞬的零落不可挽留。然而，毕竟有过一瞬，这一瞬，于我是那一时一刻的全部。我终将铭记，而留世间只言片语。

　　还记得，第一次吃到台湾腐乳，是同样来自台湾的爱丽丝（Alice）——一个胖胖的时常大笑的老姑娘的馈赠；还记得，在苏州吃奥灶面，怎么也搞不懂这个"奥灶"到底是什么灶？还记得，喝到广云贡饼，那种像极了普洱却偏偏有什么不同的感觉，让我如中了魔怔般地去寻求答案；还记得，在香槟里仿佛感觉到了法国明媚的阳光和山野里的花香……

　　这吃，这喝，触动我的，也许是食物本身，更有可能是一句话、一缕思绪、一个人，总归也是那一瞬，才下舌尖，却上心头。我不愿负了它们，我不愿忘了他们。

　　去时不可追，那人、那吃、那喝都有可能再遇，然而便也不同了。这些文章是我寄托执念的道具，然而"不负"谈何容易？诸君且看过，共赴笑谈中。

李　韬

二〇一三年八月写于京城

—— 吃·品味

—— 饮·合德

不负舌尖不负卿

吃·品味

魏文帝曹丕《与群臣论被服书》中说："三世长者知被服，五世长者知饮食。"这话翻译过来，就是一句老话："三辈子学穿，五辈子学吃"。吃是一件多么难学的事情啊！吃为什么难？吃饱不难，难在吃得有意思。人和动物之不同，在于吃的时候的情致。不是能吃，而要会吃。可是古人又说："味之精微，口不能言。"故而我不敢单纯写美食，但说美食带来之思绪，与诸君共享。

不负舌尖
不负卿

荸荠、鸡头米和水红菱

江南人自古水润，他们把茭白、莲藕、水芹、鸡头米、茨菰、荸荠、莼菜、菱角合起来叫做"水八仙"。

"仙"属于道教，道教尚"清"。昔日太上老君不仅玩过"骑牛过函谷，紫气自东来"的障眼法，还玩过"一气化三清"的大阵势。《封神演义》里就有这么一出，写的老子为了要破通天教主的诛仙大阵，一推顶上鱼尾冠，化出上清、玉清、太清三位化身的故事。这故事热闹，我小的时候特别爱看，觉得打来打去很精彩，后来长大了，重新认识道教，才知道自己错了。所谓老君一气化三清，不过是一种形容。目的就是说，万法归一，殊途同归。这里的老君也好，三清也好，不代表任何实际，而只说明一个"道"字。道无所不在，处处显化。所谓三清，天地万物，各个都有三清。三清只是一个从无而有、从有而无的过程。但是现在的人，都看字看表面，而不究其根本，故而强调一个"清"字也是好的。从内而外地清净了，不是神仙胜似神仙。

江南自古繁华，富庶且多雅客，江南人并不十分羡慕神仙，倒觉得还不如腰缠十万贯，骑鹤下扬州。所以，他们的做派和神仙差不多，吃东西也是清妙的。水八仙尤其如此，吃来吃去，总归是一团清气，化成无限妙不可言的鲜美。水八仙里，我尤为喜欢的是荸荠、鸡头米和水红菱。

荸荠也叫马蹄，多生吃，但是家里人总告诫我小心水里的细菌。也是，时下水体污染这么严重，生吃还是不安全的。可是荸荠真是好东西啊，荸荠是寒性食物，既可清热生津，又可补充营养，最宜用于发烧的病人，而且还可辅助治疗急性的传染病。不宜生吃，怎么办？煮熟了吃。最好的就是茅根竹蔗马蹄水。茅根和竹蔗都是中药，清热解毒，洗净切段和

马蹄荷塘鲜

鸡头米凤尾虾

鸡头米烧扁豆

　　马蹄一起煮水,一个小时就好,喝起来甜丝丝的,还那么有功效。

　　鸡头米又叫芡实,芡实干了磨成粉,就叫芡粉。做菜时勾芡一词就来源于使用芡粉收汁,后来芡实的产量跟不上了,才改成用红薯淀粉、土豆淀粉等其他东西来勾芡。芡实一般不为北方人所熟知。其实这水中的珍品集合了睡莲的妩媚、莲花的风姿，而它的果实更是清香扑鼻，令人回味。每年六七月间是芡实开花的时候，八九月份芡实就成熟了。成熟的芡实不像莲蓬是一个莲台的模样，承载众生的苦，而是像是一个鸡头，尖尖的喙，又布满了刺猬般的硬刺。所以，芡实又叫鸡头果、鸡头米。据《本草纲目》记载：芡实有"补中、益精气，开胃助气、止渴益肾"的功效，而到了清朝，芡实的食用更加广泛，《随息居饮食谱》载："芡实，鲜者盐水带壳煮，而剥食亦良，干者可为粉作糕，煮粥代粮。"新鲜的芡实最适宜与蔬菜清炒，尤其是甜豆荚，加上一两朵黑木耳，豆荚的绿、木耳的黑、芡实的白，清丽的感觉连带散开的一嘴鲜甜，触人心弦。

　　菱角北方人接触得就更少了。芡实如果是宋词里的婉约派，菱角只能说是宋词里信手拈来的小令。菱角的分类比较模糊，大部分是两个角的，有人叫乌菱，外面是乌褐的硬壳；四个角的又是粉红色的外壳的，成熟最早，名字就香艳得多了——叫做"水红菱"。《松江府志》记载："菱有青红两种，红者最早，名水红菱；稍迟而大者曰雁来红；青者曰鹦哥青，青而大者谓馄饨菱，极大者曰蝙蝠菱，最小者曰野菱。"水红菱生吃，汁水很多，有一种其他菱角比不上的香甜。

煮好的菱角

水红菱

食臭

中国有些老话，其实表达的是一个意思。

这些老话，有"无味乃是至味""曾经沧海难为水""三十年河东，三十年河西""情到浓时情转薄"等。无味乃是至味，这得把多少珍馐美食吃成过眼云烟，方能领悟啊。曾经沧海是因为见过大海的波澜壮阔，故而不能被一般的河水溪流所吸引；河东和河西，有点世事无常的感觉，我觉得尤其适合时尚界。我看到奥兰多·布鲁姆脚上穿的是一双已经二十年不见的中国"飞跃"牌白球鞋，而自己脚上是一双彪马刚出的蓝色小翻毛半高腰休闲鞋，我瞬间凌乱了——时尚变化快啊，这边刚抛弃，那边已捧起，心脏受不了啊；至于情到浓时，那往往撑不了太久，如果继续撑下去，不是烧了自己，就是烧了对方，那要精神分裂的。

其实总而言之，就一个中心意思——物极必反。用到美食上，有的时候臭到极致就是香。常见的能够臭到极致的是臭豆腐、臭干子系列。那种顶风臭到八百里的直白，是一种把持不住的境界，有些人被熏得东倒西歪，有些人觉得得意洋洋。

且说点含蓄、不常见的臭。我自己喜欢的第一等的要数榴莲，马来西亚的榴莲。国人吃榴莲，多半是泰国货。但顶尖的精品，其实产自马来西亚。猫山王，更是其中的佼佼者。据说狸猫的嗅觉最灵敏，它所嗅过并且惦记的榴莲，那一定是最好的，加上这种榴莲往往产自山地，故名"猫山王"。其实完全是附会。猫山王在马来语中发音是"Musang King"，前一个词音用广东话发音近似为"猫山"，后一个词意译，意为"王"，合起来就是"猫山王"。马来西亚的榴莲品种比如"红虾""竹脚""D24"等也都不错，但都无法与猫山王相媲美。打开的猫山王，色

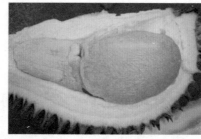

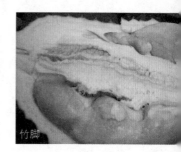

泽透着金黄，香气浓郁。放在嘴里，是绵软滑腻、入口即化的果肉，味道是苦里回甜，充盈饱满的滋味。要知道，苦甜是榴莲的最高境界！

　　每个马来西亚人都有自己的一本榴莲经——不要挑裂口的啊，那是不能吃的，都被工厂拉去打榴莲糕；你掂掂它，就知道啊，好榴莲能感觉出来的；你去那家水果店嘛，切开不好的他会给你换啦，免费的……但是，在他们知道我们在国内大都吃泰国榴莲后，所有人都会异口同声地说："泰国榴莲？怎么吃？最好的榴莲是在马来西亚啊，泰国的榴莲要提前摘下来，泡保鲜水。现在是马来西亚榴莲产季，快去吃吧，世界上最好的榴莲。"

　　这么好的榴莲却是不能上飞机的，据说会臭到飞机好几个月都散不掉榴莲的气味。吃过榴莲后，手指尖上的气息也挥散不去，用香皂洗是没用的。吃榴莲的时候留下榴莲壳，把水倒进果皮里，略微等等，然后用来洗手，就能把味道去掉了。神奇的大自然，每个东西上都有令人类惊奇的某种平衡……

榴莲是热性水果，故而不能多吃，吃多了很容易上火。所以，我也不常吃。

第二类我觉得不错的臭是"臭鳜鱼"。中国食物里的臭，来源于发酵产生的特殊气味，而这种发酵不局限于植物性的食材，动物性的食材也可以创造惊喜，臭鳜鱼是其中的代表。臭鳜鱼属徽菜，徽商跑遍天下，原本是为了运输途中鱼不腐烂变质，用淡盐水洒在鱼身上保鲜。几天之后鱼身变成铜绿色，但鱼鳃依然是红的，鳞也完整，只是有一股似臭非臭的味道。烹制后骨刺鱼肉分离，肉质鲜美醇厚，与新鲜的鳜鱼相比别有一番滋味。只是徽州人忌讳这个"臭"字，他们自己叫"腌鲜鳜鱼"。

第三类我喜欢的臭，就是绍兴的"臭"。绍兴人比较爱用"霉"来称呼这种乡土发酵食品，里面最有名的大概是霉干菜。其实霉干菜的臭味是很小的，要在一整袋子里才能闻到发酵的味道。还有的就是霉毛豆。类似于豆豉发酵的一种豆子，用来蒸鱼非常美味。比较臭的就是霉千张了。我曾经点了霉千张烧肉，年轻的女服务员居然跟我说："先生你能换一道菜吗？这个太臭了……"再臭，也臭不过霉苋菜梗啊！在绍兴，鲜苋菜一般在春季三月播种，按其叶片颜色的不同，有绿苋、红苋、彩苋三种类型。鲜苋菜初长时极其鲜嫩，绍兴人习惯炒着吃，用饭焐着吃，或凉

拌着吃。鲜苋菜可以促进身体排毒，绍兴人的老话"吃了端午新鲜苋，酷暑日里不起痧"，说的就是这个。六月以后的苋菜，其梗开始变得粗大，逐渐粗糙不堪吃，索性就腌了，成为绍兴特别有名的霉苋菜梗。口感是滑滑溜溜的，也可以和其他的食材一起蒸，有一种不可名状的鲜美。如果特别爱这一口，可以直接下饭，那也是极好的。

爱食臭的，不仅仅是中国人。法国的白松露、日本的纳豆、意大利的奶酪，都是臭而转香的。若你爱，请深爱，臭的光明正大，就是难以言喻的香了。

臭鳜鱼

绍兴三臭

淮扬好，干丝似个长

我爸妈退休后，一直想找个山清水秀的地方养老，后来举家搬迁，从山西搬到大理。搬到大理后一切都很合心意，就连老陈醋超市里都有很多山西的牌子。唯一没有的，是山西的豆腐干和北方的干黄酱。曾经一年从北京回一次大理的我，带的主要的物品就是六必居的干黄酱，这个问题后来基本解决。可是豆腐干确实不好带，时间一长，其实也就半天时间，豆制品就腐坏变质了。父母总是说豆腐干的问题，我才终于正视原来"豆腐干"确实是个"问题"。

等对豆腐干上心之后，我才知道豆腐干确实也有很多种。一般厂家喜欢从工艺上来分类：卤豆腐干、炸豆腐干、熏豆腐干、蒸豆腐干、炒豆腐干。卤豆腐干最常见，豆腐干的入味依靠卤水卤制；炸豆腐干比较少，但是也很好吃，因为豆制品还是很"吃油"的，有的地方做的豆腐干叫"油丝"，就是炸豆腐干切丝；熏豆腐干，一般生活里就叫"熏干"，使用

冶春的煮干丝

富春的烫干丝

虾子烫干丝

共和春的烫干丝

烟熏工艺把豆腐干加工成带有熏香味的产品；蒸豆腐干是用蒸煮的工艺入味，最常见的是素鸡；炒豆腐干是通过豆腐干的炒制，达到复合味道的感觉，比如很有名的斋菜"甜辣乾"或者素火腿。但是现在在超市里豆腐干的加工工艺都比较复合，多种工艺结合制成一些素鱼香肉丝、素鸭子、素牛肉等，倒也比较适合快节奏的生活。

问题是，还真没有以前的豆腐干好吃。虽然那种豆腐干都很朴素，可是正因为朴素才有豆腐干真正的美。山西太原最最传统的豆腐干是黑而硬的，用酱油和五香粉卤的，大理的豆腐干都是白干，而质地却又不够紧密，吃起来韵味不足。我偏爱五香豆腐干，因为味道比较浓郁。然而，白干也不是不好，关键是看怎么做，白干制成干丝，或煮或烫，都是我大爱的美味。

干丝菜品做得好的是南京和扬州，都是我喜欢的城市。干丝菜品的做法主要有两种，一个是烫，一个是煮。最出名的是煮干丝，其中最经典的是鸡火煮干丝。这个"鸡"是指鸡肉和鸡汤，"火"是指火腿。鸡火煮干丝是由清代的九丝汤和烫干丝发展而成的。"九丝汤"中的"九丝"是豆腐干丝、口蘑丝、银鱼丝、玉笋丝、紫菜丝、蛋皮丝、生鸡丝、火腿丝、鸡肉丝，加鸡汤、肉骨头汤煎煮，美味尽入干丝。后来因原料繁杂，因陋就简，就多用

豆腐干丝、鸡肉丝与火腿丝来作原料，又借鉴烫干丝的做法，反复的氽烫，将干丝中的豆腥味尽除。做好的鸡火煮干丝，干丝洁白，汤汁金黄，鲜美至极。

　　但要说到原汁原味，不像鸡火煮干丝那样辅料的光环太过耀眼，而是纯粹以干丝为主角的，是"烫干丝"。我在扬州，最喜欢的餐厅是扬州老三春中的"共和春"。富春茶社人满为患，已经成为不可承受之重，故而菜品一塌糊涂；冶春茶社同样如此，很难精细。共和春最土，现在已变成中式快餐店，但最好的一点是人多，且是本地顾客为主，我倒觉得饭菜可口，透着人情味。共和春的烫干丝是明档操作，能看见大姐把干丝反复氽烫，放进盘子里搅成一个塔状，然后加上酱油、香菜等调味，虽然简单，却能勾起食欲。一尝，果然不负众望，干丝的味道很正，被酱油衬托得很好，然后又能慢慢分辨出虾米的香，和干丝微微的腥配合得严丝合缝，最后压着这个味道的是姜丝的辛香和芫荽的异香，在细致中显出明艳的泼辣。

　　吃完烫干丝，信步走到我最喜欢的扬州园林——个园中，看着竹影婆娑，心中的美好情愫澎湃的升起，绵延不息。

清香留君住：几样桂花吃食

除了北京，我经常暂居的地方，总是会有桂花。

尤其是在大理，小区里是不同品种的桂花，金桂、银桂、四季桂，基本是你方唱罢我登场，在小路上走着走着，就飘来一阵浓郁的桂花香气，

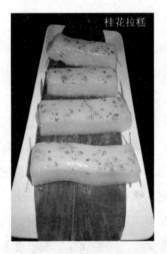
桂花拉糕

桂花糖芋艿

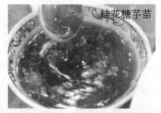
桂花糖芋苗

桂花藕

香气裹着我，让我渐渐放慢脚步，停下心里一切的急迫，脸上也会慢慢浮现微笑。郑州的桂花也给我留下很深刻的印象。记忆最深的是一个冬日，仿佛还刚刚下了一场小雪，天空是灰蒙蒙的，地上的雪也是脏兮兮的，那时，我的工作和生活仿佛是没有方向的混沌，只知道往前走，但这个"前"在哪里？却是不明白的。又是沮丧的一天，回到租住的小区，房子里照例不会有吸引我回去的灯光，拖着脚步慢腾腾往回走，突然就闻到一股桂花的香气，带着凛冽的感觉呼啸般地侵入我的胸腔。我觉得"我"回来了！我对桂花终归是抱了感激的心。

　　掺有桂花的吃食基本都是我所爱。我想知名度最高的应该是桂花糯米藕。桂花小如金耳钉，自然不可能成为主料，但是一经沾染，自然会给食物烙上深刻的烙印，让食物成为桂花系列。桂花糯米藕是把藕根两头切掉，灌上泡好的糯米，再把切掉的部分用牙签和藕根穿好，上锅蒸熟，

待凉了切成薄片，浇上桂花糖汁子或者桂花蜜，清爽宜人，香气熏拂，七窍玲珑心全开，自是欢喜。夹起一片藕，丝絮缠绵相连，别有一番柔情蜜意。

我还喜欢的两种和桂花有关的吃食，都是南京做得好。南京这昔时的旧都，失掉或者不屑再去争抢风光，只在自己的烟水气里活着，倒别有一番名士风流的余韵。第一样是桂花拉糕。桂花糕各地皆有，粉质的居多，桂花拉糕南京和上海多些。桂花拉糕是水磨糯米粉做的，滑润如白玉，表皮上星星点点的金黄桂花混在糖液里，仿佛白瓷上上了一层透明釉。空气中都是一丝丝的甜香，用筷子挑起时，糕底黏在盘中，糕就会在空中越拉越长，甚至会拉成一长条，故名"拉糕"。上海沈大成糕团店，在拉糕中加入了山西汾酒，便叫作"太白拉糕"。到了冬日，桂花也可以被换成应景的枣泥或赤豆；春夏时，又有玫瑰或薄荷之类的花色拉糕来捧场。但总归是南京的桂花拉糕做得好些，是长方条，硬朗中带着甜蜜。上海绿波廊的桂花拉糕也好看，是菱形块拼成花型，仿佛比南京的腻。

第二样是桂花糖芋苗。芋艿块茎状的母根俗称芋头，旁边派生的小块茎称为芋仔，南京人把这个叫"芋苗"。桂花糖芋苗香甜软糯，浓稠润滑，汤汁红艳，散发浓郁的桂花香，是暖心暖胃的甜品。传统的做法是先用桂花糖浆熬煮芋苗，为了软烂，加上一些碱面，故而汁水呈现红色。然后加入上好的藕粉做成透明的芡，再放些红糖，直到成就一锅酥糯甜软的江南甜品。

　　在南京，桂花糖芋苗和桂花糯米藕、梅花糕、赤豆酒酿小圆子被称为"金陵四大最有人情味的街头小食"，你看，其中带桂花的就占了两个。

从桂花鸭说开去

　　南京有几样吃食，是我很喜欢的，其中之一，是盐水鸭。

　　咱们中国人给菜品起名字，有着近似于狡黠的招数。我记得有一次去四川，在一个几十年的老馆子里看菜单，有一道"经得抾"确实不知道为何物，很期待的点了一份。上来一看，开始是哑然失笑，后来简直笑得前仰后合，我道是什么，原来一盘油炸花生米是也，一粒一粒连夹十几次，还是一大盘，果真经得抾。另外还有一些菜名，是咱们中国人才能理解的，比如"四喜丸子"，英文刚开始翻译成"四个欢天喜地的肉圆子"，太有趣了。

　　盐水鸭，另外有一个名字叫做"桂花鸭"。

金陵片皮鸭

盐水鸭

金陵片皮鸭

南京烤鸭

　　我觉得两个名字都好，盐水鸭绝对是豪放派起的，一语中的，直来直去。上好的小湖鸭，炒好椒盐，细细地涂抹一层，哪里都不能放过，然后放置十几个小时入味，接着洗掉这些腌料，用接近于沸腾但是并不翻滚的水加上简单的作料细细炖煮，熟了放凉就可以切块装盘，大快朵颐。"桂花鸭"这个名字，应该是婉约派起的。最适合穿着旗袍的丽人，轻启朱唇，夹一块白嫩的鸭肉，吃下去，张嘴说话，接着便莞尔浅笑，甚至空气里都弥漫如兰似麝的香气。桂花鸭还是盐水鸭，非用桂花入味，还在于桂花开放时节，鸭肉最好，甚至都会沾染一丝似有若无的桂花香气，便称为"桂花鸭"。

　　南京亦是我喜爱的城市，不过它似乎从古至今都有些尴尬。历史上的南京也是几朝的古都，然而这些朝代大多是短命和偏安的。所以南京的名字也几经变迁，"金陵"尚带着纸醉金迷的名士风流，而"秣陵"已经让我感到寒冷的冬意，甚至一片肃杀；"建业"倒是尚存着初生的豪迈，对未来的期冀。这片石头城，王气依然缠杂在滚滚红尘之中，不过始终都笼罩着一层模糊迷蒙的水汽。

明朝出身于南京，倒是一个比较强势的朝代。开山的三位皇帝，除了夹在中间的朱允炆外，朱元璋和朱棣倒都是励精图治的。这两位都爱吃鸭子。但从记载来看，他们爱吃的不是盐水鸭，而是烤鸭。朱棣迁都北京，把南京的烤鸭也带上了，北京才有了后世名声大作的"北京烤鸭"，也才出现了挂炉的全聚德、焖炉的便宜坊这两大烤鸭流派。

两京的烤鸭渊源颇深，然而时间久了，发展的路数自然不同。北京的烤鸭往火烤之香的方向走了，南京的烤鸭往味汁的方向去了。南京人喜欢小糖醋口，这对增加食材本身的鲜味是非常有利的。南京烤鸭在乎的是配鸭肉吃的那一碗老卤汁的味道。明炉烤鸭在烤制时，鸭皮下要吹气、鸭肚膛内要灌水，这样才能形成外烤内煮，皮酥脆肉软嫩。一旦鸭肉熟了，这一包汁水也鲜透了。趁热把酒酿等倒进汤汁，浇上糖色、米醋、精盐。不能加酱油增色，就是要原汁的酱色，这样的红汤老卤才叫地道。用鸭肉蘸着吃，咸里带微酸，回味里有鲜甜，鸭肉的美味就彻底地体现出来了。

吃鸭不吐骨头

在北京要吃山西菜，我脑海里第一个想到的还是晋阳饭庄。

一想到晋阳饭庄，第一个想到的是金永泉大师，第二个想到的就是我最想吃的香酥鸭子。

北京晋阳饭庄虽然是半个多世纪的老馆子，也一直做山西菜，却不能说是山西老字号。晋阳饭庄是 1959 年国家为了提升首都人民饮食文化内容而组织创办的。怎么想起来在北京开个山西风味餐馆？我猜测这和

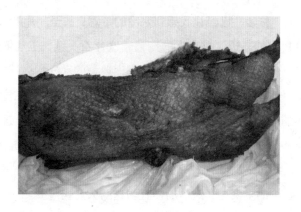

清朝以来晋商频繁地出入北京有很大的关系。

晋商作为十大商帮之首，在清朝那是名号响当当的。而且最主要的还在于晋商是金融业的先驱，晋商的票号（相当于今日的银行）甚至一度成为清朝军费开支的主要实际操作者。慈禧西逃后返京的第一道懿旨，也是着晋商即刻恢复金融汇兑，否则京城银根太紧，已经周转不下去了。北京菜系本身就是个拼盘，京畿重地招待十六方，这是自然的，山西菜，得有。

当时派到山西去学习的就是金永泉大师，幸亏金大师去了，连学习带开发，总共有小200道山西菜，这才让我在京城可以得享乡馔。在山西，反而是传统的、上得了台面的菜越来越少了。

香酥鸭子是金大师来源于传统而高于传统的一道"山西菜"。香酥鸭子很费功夫，要用当归、砂仁、竹叶等16种中药，再加上酱油和料酒，腌制 4 个小时，再蒸 4 个小时，之后还要 200 度高温油炸 3 次。炸的时候要"一脯，二背，三找色"，也就是先炸鸭胸，再炸鸭背，最后还要把整只鸭子的颜色炸匀。做好的香酥鸭子要切块食用，配椒盐碟。香酥鸭皮脆肉烂骨头酥，可以吃得连骨头渣都不剩，香极了。

金大爷做的香酥鸭，曾经是老布什的最爱，他不仅常去晋阳饭庄吃，还打包带回家。后来，布什一家还把金永泉大师的香酥鸭介绍给其他美国客人。两位原美国国务卿舒尔茨和鲍威尔来北京，都点名要吃香酥鸭。

晋阳饭庄的选址挺有意思，在纪晓岚故居。纪晓岚在历史上是个颇有争议的人物，然而《铁齿铜牙纪晓岚》的热播，已经在人们心中树立了一个手拿大金烟杆、批阅《阅微草堂笔记》、编纂《四库全书》、有鬼灵精怪的杜小月伴读的诙谐聪明的纪晓岚形象。我是无意做个无趣的历史考据者的，所以只在乎故居里那一树花雨飘逸翻飞、香气迷离满堂的紫藤和几棵高耸入云的山楂树。

吃·品味
不负舌尖
不负卿

顺便说一句，金大爷的北派丸子做得也是极好的。这北派丸子吃个"劲儿"，外酥里嫩，焦香扑鼻，在晋阳饭庄里叫"干炸丸子"是也。

蚝情

上中学的时候，语文书里收录了一篇莫泊桑的《我的叔叔于勒》。我对于其中一段的印象太过深刻——"一个衣服褴褛的年老水手拿小刀一下撬开牡蛎，递给两位先生，再由他们递给两位太太。她们的吃法很文雅，用一方小巧的手帕托着牡蛎，头稍向前伸，免得弄脏长袍；然后嘴很快地微微一动，就把汁水吸进去，蛎壳扔到海里。"以至于忽略了老师所说的"艺术地揭示资本主义社会人与人之间的关系是纯粹的金钱关系，而不是人与人相互帮助的美好生活的主题思想"。我知道老师大抵对我是不满的，但我仍然不断地思索：这个牡蛎到底是什么味道呢？真的那么好吃吗？

后来第一次吃到蚝的时候，去查"蚝"的资料，才知道牡蛎就是蚝，蚝就是牡蛎，这个困扰我多年的问题终于解决了。除了这两个名字外，其实蚝在中国，也叫做蚵仔、蛎黄、海蛎子。比较有名的是横琴蚝。横琴是珠海的一个岛，处于咸淡水交界处，温度适宜，水质干净，微生物丰富，是理想的天然蚝场。横琴蚝以大、白、肥、嫩而出名。国外的蚝，我较喜欢加拿大的，滋味鲜甜一些。熊本蚝吃起来就有点不过瘾，不是个头的问题，而是海鲜特有的腥甜不够。

潮州传统的蚝烙

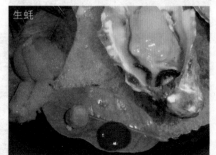

生蚝

熊本生蚝（柠檬醋生蚝）

烤蚝

横琴蚝

海苔煎袁庄蚝

　　无论什么蚝，只要是产地海水洁净的都很美味。国外比较喜欢生吃，国内多是熟制，比如福建爱吃的蚵仔煎。但是不管生吃还是熟制，蚝一定要新鲜。小窍门就是一定要看看蚝和壳的连接部分是否还很牢固。除非人为的加工或者变质死蚝，蚝肉不会从贝壳上脱落。

　　除了蚵仔煎，其实我觉得作为一个北方人，我更喜欢吃烤蚝。可以选择蒜蓉或黑椒口味，我自己喜欢蒜蓉的。烤过的蒜香融合生蚝的腥鲜，肥嫩滑爽，味道很好。

　　给我惊喜的是蚝粥。有人喜欢蚝粥的料丰富一些，比如加猪肝、海蟹块等，我就喜欢清淡的。清淡的蚝粥就是白米和碎碎的蚝肉，加了盐和细小的葱花，味道单一而突出，我经常停不了口，一碗尽兴而下。

　　不过我也承认，吃蚝，最高的境界还是生吃。如果是在产蚝的海边，不用加什么作料，连着一汪海水，从蚝壳里嘬起，在嘴里略微咀嚼，随即滑入肚内，最是舒爽不过。中国内地食用生蚝基本是空运进口，这样的话，我就喜欢挤入柠檬汁，一方面增加香气，一方面也有一些杀菌的作用。

　　拿破仑用蚝来保持旺盛的精力，宋美龄也曾经用蚝来保持美丽的容颜，日本人称蚝为"根之源"，《本草纲目》上说生蚝肉"多食之，能细洁皮肤，补肾壮阳，并能活虚，解丹毒"。我倒不把任何一种食品看得多么神奇，因为毕竟不是药，但每回看到蚝，我都会想念它那鲜美的味道，不由得蚝情澎湃。

情意似火腿

　　年轻男女彼此吸引，你侬我侬，往往情话连绵，情意似火。我倒宁肯情意似火腿。不是我俗，爱情如果总是热情似火，只有两个结果：一是烧死彼此，耗尽心力；一是热度慢慢退去，徒留怅然。要真能做到似火腿，恰是中了上上签。因为不论古今中外的火腿，都是需要长时间才能成熟，慢慢散发诱人的魅力。

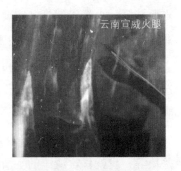

云南宣威火腿

金华火腿老店

葡萄牙产火腿

欧洲火腿拼盘

蜜瓜火腿

火腿月饼

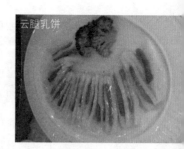
云腿乳饼

　　中国三大火腿——金华火腿、宣威火腿、如皋火腿，如皋已经势微。另外两大火腿我倒都是喜欢的紧。金华火腿最好的是上蒋村所产，而最重要的是使用了"两头乌"。两头乌这种猪体形不大，也不甚肥胖，一头一尾两头都为黑色，名字倒很形象。腌制成的火腿，皮薄骨细、腿心丰满、瘦肉细嫩、红似玫瑰，肥肉透明、亮若晶玉，配蔬菜则味道清醇，配豆制品则味道厚郁，实在是提味之至宝，美食之精粹。

　　宣威火腿是云腿的代表，由当地土猪制成，然而风味独特。云腿讲究"四秘"之法——"割秘"是割腿时讲究刀功，必须使用后腿，割成"琵琶"形，并将油膜剔除干净；"腌秘"是讲究乘鲜腌，即所谓"血腿"，血不放尽，也不必干燥；"藏秘"是讲究保藏，陈腿三年不坏，滋味更佳；"食秘"是讲究各种吃法，尤其具有云南特色，比如火腿夹乳饼，火腿煮洱海鱼等，更有意味的是云腿月饼，咸甜相配，香气隽永。腌好的云腿色泽不同，颜色红艳如西班牙火腿的，是使用磨黑盐腌的；颜色粉红如意大利火腿的，是使用四川井盐腌的。

　　国外能让我接受的火腿，也不过就是西班牙火腿和意大利火腿。外国火腿和中国火腿最大的区别有二：一是腌制火腿的猪皆肥大，二是食用时皆生吃。西班牙的高级火腿是伊比利亚火腿，要用黑脚猪，黑脚猪都是散养，再加上这种猪还爱吃橡子，因此肉质不似一般俗物。腌制时要使用海盐，腌制时间也比中国的长，一般一年半的时间方才成熟。意大利火腿常见的是帕尔玛火腿。倒是比西班牙伊比利亚火腿便宜，使用体重超过150千克的猪进行腌制。腌制时除了使用盐，意大利人还喜欢在腿肉外露的部分涂上以猪油、米磨成的粉以及胡椒混成的脂肪泥，防止火腿干硬。之后则是熟成的过程，由自然的温度和湿度变化来熟成，通常时间会超过一年，而越是重的火腿就越经得起久存，风味也就更好。上好的帕尔玛火腿至少在 9 斤以上，有一层非常厚的皮下脂肪，切成薄片后，香味细致，口感柔嫩，并不十分咸，回味丰富。

生吃的外国火腿也不错，可以直接片成薄片来吃，也可以裹着蜜瓜一起吃，味道对比中两种不同的细腻口感交融，却也很美味。

陷在"丼"中

"丼"字是中国首创，不过现今基本不用，其实也并不可怕，并不是所有的老东西都应该、都可能保留下来。关键问题是这个"丼"在中国字里用不着，它有两个意思：一个通"井"，另一个指东西掉进井里的声音，所以第一个意思时读"jing"，第二个意思读"den"。但是在日本，这个字的出现几率很高，因为日本的料理种类和做法实在有限，所以有些东西恨不得变出花来。比如盖饭，实在是太普通了，他们就弄个字来表示，这个字就是"丼"，倒也形象，一个大碗里有饭和菜，不就是围起来中间一点么？

所以，日本的"丼"和盖饭也有一点区别，要用陶碗，不能用瓷的，瓷的胎薄，散热快。另外陶碗要比一般的饭碗深，盛二分之一到三分之二米饭，上面盖着加工好的菜，传统上还要有盖子，不过现在都不用了。

根据盖着菜的不同，丼的命名也不一样。比较多的是"亲子丼"。亲子丼最早就是鸡肉加鸡蛋的盖饭，因为鸡肉理论上是鸡蛋的爹妈。不过很难保证完全正确配对，因为一只鸡会制造数量很多的鸡蛋，但是，鸡蛋是鸡下出来的，所以鸡是亲，蛋是子，就可以叫做亲子丼。后来，从

中华丼

海鲜丼

亲缘关系上推而广之，凡是有亲子关系的，都可以叫做亲子丼。北海道的亲子丼，如果不特别要求，一般就是鲑鱼加上鲑鱼卵的盖饭，因为鲑鱼和鲑鱼卵也是亲、子嘛。不过倒是比一般亲子丼要贵得多，虽然鲑鱼制造鱼卵的数量比鸡制造鸡蛋的数量还要多得多。

我不爱吃亲子丼，鲑鱼的吃不起，鸡肉的又不爱吃。同样是吃饲料长大，但牛肉的味道要好于鸡肉的。鸡肉是一定要去深山老林而又有人家的地方去找一只土鸡的，否则不如不吃。牛和鸡蛋没有任何亲缘关系，就像陌生的他人一样，所以牛肉和鸡蛋配合的盖饭，就叫作"他人丼"。当然，除了鸡肉之外的任何食材加上鸡蛋的盖饭，也都可以叫作"他人丼"的。

不过我还是爱吃牛肉的他人丼。其实做起来也简单。把甜一些的洋葱切成细丝，香菇也切成薄片，用油炒了，香菇变软时，加入味噌汁、日本酱油，然后把牛肉薄片放进去炒，加一点日本清酒，出锅前加一点糖，提出甜鲜味道，然后把鸡蛋打散淋上去，再翻炒几下，就可出锅。连菜带菜汁浇在丼碗里的米饭上，一份他人丼就做好了。自己做的时候，如果没有味噌、日本酱油和清酒，也可以用豆瓣酱加水调稀，滴几滴老抽，加一小勺白酒调味，味道也一样的好。

盖饭的好处就是简单而又不单调，因为米饭几乎可以搭配任何的材料。除了亲子丼、他人丼，当然也会有牛丼、猪排丼、鳗鱼丼、烧鸟丼、天妇罗丼等。日本人管烤叫作"烧"，把鸡叫作"鸟"，烧鸟就是烤的鸡肉块，你可别美滋滋地等着炖只大雁给你吃。不过日本人本身倒是很重视猪排丼。日语中，猪排"豚カツ（TonKaTsu）"的后面两个音与胜利"勝つ（KaTsu）"发音相同，因此在大考与比赛前一晚，日本人常常会吃猪排盖饭来讨个吉利。看看，不管在哪里，即使食物不尽相同，人们还都是一样迷信的。

成为叉烧，是瘦肉的光彩

我好像一直不怎么能吃"硬菜"，那些大鱼大肉的东西，我不抵触也不欣赏，一切随缘。生平认为最好吃的是腾冲忠孝寺的素斋——那种现摘的蔬菜带着大地无可描摹的美妙气息而和万物灵长无比的契合。

即便是吃肉，鉴于自己身上肥的部分已经比较多，我也更多地倾向于瘦猪肉或者非猪肉类的肉食。但说实话，瘦猪肉从质感上来说确实比不上肥猪肉。瘦猪肉是了无生趣、枯木依寒岩，而肥猪肉却是温泉水滑、凝脂自香艳。香气上也是如此，瘦猪肉暗自生尘，肥猪肉却香气四溢。

纯瘦的猪肉要想好吃，我觉得只有叉烧一途。"叉烧"一词，开始不过是可有可无带点无奈的借代——把肉用叉子插着烧就叫叉烧；后来却能够成为一种制作技法或者味型的混合定义，那却是"天生丽质难自弃"了。

叉烧最常见的还是猪肉，要用里脊肉，基本上是全瘦肉。瘦肉如何才能不柴？必须增加表面的润泽以及适当地保有内部的水分，但是瘦肉无法像肥肉那样通过分解油脂产生香气四溢的汁水，所以必须使用外来的辅助品，因此，叉烧酱就出现了。

好的叉烧酱要用到十几种原料，一般都有大蒜、五香粉、腐乳、芝麻酱、蚝油、麦芽糖、料酒等，当然也会有色素。色素可以保持叉烧美好的色泽，毕竟美好的食物令人难忘的是味道，而能抓人眼球的是色彩。传统的天然色素就是红曲，生子后可以用来染成红鸡蛋分享给友人四邻的那种东西，对人体是安全的。

里脊肉分成长条，涂抹叉烧酱，最好腌制两遍，每遍几个小时，也可以在叉烧酱里再添加些蜂蜜，味道会更好。腌制入味的肉条就可以叉烤了，不用叉子也行，叉烤的目的就是为了四面烤制均匀。烤好的叉烧，色泽红亮，切片后片片劲挺，边缘红润诱人，而内里又能看到瘦肉清晰的肌理，味道是甘咸交融，唇齿留香，耐人寻"味"。我也试过加一点陈皮丁一起烤的，味道更是复合悠长，诱人追寻。

除了常见的广式叉烧，广东还有一种脆皮叉烧。在广州塔的小蛮腰之下，有一家新开的炳胜，我是在那里尝到了脆皮叉烧。炳胜的脆皮叉烧不是片状，而是切成长方块，主要是上表皮是一层薄脆的猪皮，色泽金红，脆香如烤乳猪皮。中国的美食体现的是既综合又对比，从质感上来说，如果表皮是爽脆的，那么内里一定追求嫩滑，这一点脆皮叉烧确

脆皮叉烧

三星拱照

广式叉烧

实做到了。但是相对来说，脆皮叉烧的油腻程度比一般叉烧大，我倒还是更喜欢传统的广式叉烧。

叉烧系列的除了猪肉，还可以叉烧排骨，除了主材料选用的是猪肋条，其他的都和叉烧肉制法一样。其实这不过是一种简单的延伸，我觉得真正的延伸产品是叉烧包。

叉烧包因为使用了叉烧肉，终于"力排众包"，成为包子类产品中的一朵奇葩。叉烧包可以说是广东早茶必选项之一，和虾饺、干蒸烧卖、蛋挞并称广东早茶的"四大天王"。叉烧包外皮雪白，绵软微甜，顶部裂口，露出黏稠的酱汁和小块的叉烧肉，香气浓郁，勾人食欲。不过叉烧包本身比较甜，可能更适合南方人的口感，或者是在饮掉一盅浓酽的工夫茶之后食用。

"诈马"不是马

元朝时，宫廷盛行"诈马宴"。诈马宴是最高规格的宫廷宴请，属于"内廷大宴"，能参加诈马宴那是非常荣耀的一件事。查有关史料的食单，诈马宴上的吃食有："羊膊（煮熟、烧）、羊肋（生烧）、獐鹿膊（煮半熟、

烧）、黄羊肉（煮熟、烧）、野鸡（脚儿、生烧）、鹌鹑（去肚、生烧）、水扎、兔（生烧）、苦肠、蹄子、火燎肝、腰子、脊肉（以上生烧）、羊耳、舌、黄鼠、沙鼠、搭剌不花、胆、灌脾（并生烧）、羊肪（半熟、烧）、野鸭、川雁（熟烧）、督打皮（生烧）、全身羊（炉烧）"等。看了半天，没"马"什么关系啊。后来一问，"诈马"是蒙语的音译，现在多翻译成"昭木"，其实是一个蒙古语词，是指褪掉毛的整畜，意思是把牛、羊家畜宰杀后，用热水褪毛，去掉内脏，烤制或煮制上席。元朝的时候也有烤整牛的，肯定更壮观，而流传到现在，最出名的就是烤全羊了。

最初的烤法很简单，据《蒙古秘史》等史书记载，成吉思汗时代，蒙古军队打仗造饭，经常搭一个三角架子挂一只整羊烤着吃。而《元史》也说，蒙古人"掘地为坎以燎肉"。到了元朝时期，蒙古人的生活开始比较安逸，所以肉食方法和饮膳都有了很大改进。《朴通事·柳蒸羊》对烤羊肉作了较详细的介绍："元代有柳蒸羊，于地作炉三尺，周围以火烧，令全通赤，用铁芭盛羊，上用柳枝盖覆土封，以熟为度。"烤全羊一直延续至今，在清代，各地蒙古王公府第几乎都用烤全羊招待贵宾，是高规格的礼遇。

烤全羊之所以闻名遐迩，最主要的还是因为好吃。你想，把羊肉烤得毫无膻味，像烤鸭般美味，又不像烤鸭那样小里巴气的，管够大口吃肉，多爽啊！烤全羊怎么做才能好吃？首先是选用肉质好的羊，要选择膘肥体壮的四齿三岁以内，最好是一年半的羊。内蒙古的羊多吃沙葱，本身

肉质细嫩少膻。其次是屠宰时必须采用攥心法，即从羊的胸部开刀，把手伸入羊腔，攥捏其心脏致死，用这种方法杀死的羊不会大量出血，其肉格外可口。羊宰杀后不用剥皮，而是开膛取掉五脏和下水，洗净后用开水烫去羊毛，再用碱水内外洗净。烤制之前在羊的胸腔内放入各种佐料，四肢向上，羊背朝下，用铁链反吊起来，放入炉内烘烤。炉子是用红砖砌成，上面是穹隆顶，羊整理好形状后从烤炉上部侧口吊入。烤制的时候要关闭天窗和炉门，借用炉内高温，慢火烤炙，

烤全羊

这样不但能使羊腹中的佐料味逐渐渗透于羊肉之内，同时能使羊肉熟透。这几年为了加快烤羊速度，也有把羊放在烤盘上用大电炉子烤的。

烤好的全羊要以羊羔跪乳的姿势摆入长方形大木盘内，嘴叼大绿芹菜或者香菜，顶部戴一红绸缎花。上桌后，由尊贵的客人先在背部划一十字刀口，意为已经切开，再由专人将羊剖卸成小块。一般配干辣椒味碟蘸食。这样的烤羊肉，外皮焦酥、油润红亮，吃起来酥脆香嫩，毫无腥膻，肥而不腻，吃后口腔内长久回荡着香美之感。

其实新疆也有烤全羊，维吾尔语叫"吐努尔喀瓦甫"。做法类似，只是要先用调料制成糊涂抹羊坯进行入味腌制，然后用类似囊坑的炉具烤制。新疆烤羊时不吊起，而是用酒杯口般粗的木棍一以贯通，两头斜立在地上和炉壁上烤制。其味道也很好，并且孜然的香气更突出。

粉蒸

米粉什么时候入馔的，我未查到资料。但是想来应该是源于南方稻米产区，北方不产稻米，粉蒸显得有点浪费。

粉蒸以前的技术含量很高，因为要不同的食材配不同的调料，还要用石磨把米研碎。现在超市里都有粉蒸料，倒是简单了很多。简单工业性的好处是标准化，标准化的问题是没有了粉蒸的美味，或者说起码不会有惊喜。

我的主业是管理培训，管理的很大一部分工作是标准化。标准化的好处是一致性，作为一个企业来说，需要标准化。否则，你在这家麦当劳吃到的汉堡是圆形的，换了一家麦当劳变成了三角形的，顾客心里该敲小鼓了——这不是一家吧？但是作为美食体系来说，又不能标准化。所以你看，美国可以出现麦当劳、肯德基，两个快餐品牌打天下，投资

粉蒸肉

粉蒸牛肉

人很高兴，民众也没有意见。可是美国永远出现不了在烹饪史上可以留下一笔的美食。我曾经和一个法国知名的大厨聊天，他说西餐是有配方的，可是他又说，真正的美味都在不经意间。话说回来，超市里的粉蒸料做出的粉蒸菜是不是能吃？绝对能吃！是不是美食？你敢说它是美食，我绝对要怀疑你的审美能力。

美食和工业化天生是矛盾的。美食是一种情意，它在精心准备、充满感情的制作过程里酝酿和发酵；工业化是一种效率，它为的是完成吃饭这个任务，目的是完成，不是吃了什么。但是美食和工业化又和谐存在着，因为上班时的饮食可以工业化，但是居家的饮食，还是不要那么懒吧，起码我们在学习着如何表达自己真实的情感。

粉蒸菜很重要的是做粉。用大米，也可以加一点糯米增加口感，加上大料、桂皮、干辣椒、花椒等调料，一起放入锅中，不用油，小火不停焙炒。待到大米颜色变黄时，加入盐，继续小火焙炒。一直炒到米粒焦黄，大料、花椒都有焦香味道的时候，即可关火。没有石磨，家用食物研磨机也是可以的，把炒好的材料一起倒入研磨机反复打磨，直到米粒还有部分粗颗粒的时候，蒸肉米粉就做好了。等米粉凉后，将它们装到密封袋或密封盒里保存，随取随用。

再往下就比较简单了。把食材切片，趁着水分润泽的时候拌入米粉，揉捏沾匀，就可以上笼蒸。蒸到肉熟，并由里向外浸出油脂，让米粉上有油脂的光泽就可以出锅了。撒点葱花，一片红艳里衬着点点绿，空气里都是米粉特有的香气，胃里立刻就活络了。

我吃过的米粉菜里面，对四川成都的小笼粉蒸牛肉和云南大理的清真粉蒸牛肉最感兴趣。说起四川小笼牛肉，那别的地方没法比，不但要加郫县豆瓣等特殊的调料，小蒸笼也很可爱，牛肉上面还点缀一撮香菜，水灵灵的鲜。牛肉的味道很浓，粉也质感香沙，辣得过瘾。大理的清真粉蒸牛肉，我觉得是古城里一家叫做"金树"的餐馆做得最好。下面垫的是干豌豆，牛肉很烂，不是辣味的，更能尝出米粉的谷物香气，还有干豌豆下面糯糯的一团粉，确实搭配得非常对味。

"嫩模"六月黄

嫩模大闹香港书展，一时坊间群情激动，斯文扫地。我个人对嫩模不感兴趣。什么年龄做什么事情，不是什么都适合跨界。那么多想跨"时间"的界的人，不是发了疯，就是意外死，秦始皇做不到，谁都做不到。不过以前是想长生，现在是想提前干本还没有轮到的事。嫩模就是一群小女孩非要做熟女的事，装来装去，总觉得是不正常的性化，好像主要是迎合恋童癖的口味。

不过美食界的这种现象我倒可以容忍，因为事实告诉我，有些嫩的原材料确实给人不一样的惊喜。比如小嫩豆，是未长成的蜜豆种子，带着原始的还在萌发的嫩意，在口腔里仍然颤颤巍巍的，仿佛触碰即碎，带来不可思议的植物的气息。动物里面最出名的"嫩模"大概就是乳猪，不过我总觉得好像又有点太过残忍。倒是六月黄让我念念不忘。

六月黄就是还没有完全长成的大闸蟹，等不及秋风起，人们就把小蟹拿来食用，可以用酱油蒸，也可以挂面糊炸。我还是最爱清蒸。其实真到了螃蟹成熟时我倒未必那么渴望。从小在北方长大，习惯了直来直去的饮食，摆弄半天吃到嘴里只不过蛋黄般大的东西的大闸蟹，对我来说不如一块充满鲜美肉汁的牛排或者一条表面烤得黏稠如蜜糖的河鳗。六月黄是个例外——它有那么美妙的、流动的黄膏啊，鲜美得妙不可言。就算吮指出声，那油润的黄色仍然流连在指间不会轻易褪去，用年轻的生命迸发的鲜美让最挑剔的美食家都会沉默不语、回味恬然。

六月黄还有一个好处——不需要使用"蟹八件"。那一堆的小锤子、小剪子、小挠子、小叉子、小勺子……只适合菊花黄了做"雅集"。

大闸蟹

烹煮菊花有点焚琴煮鹤的恶俗，便约了好友，蒸一笼大闸蟹，看着菊花满园，慢慢热了花雕酒，大家边说话、边听曲、边看戏，一边慢慢整治那些螃蟹。这不是为了吃，这是为了"雅"。雅事之所以为雅事，其中之一的因素就是不可时常为之。在平常，我最佩服之一的就是某某吃一只螃蟹用时两小时，且残余物优美无比，绝无狼藉之感。这种心无旁骛、一念不乱的境界，一直是我在念诵经文时追求而不可得的。

六月黄的皮壳还软得很。轻咂即烂，又不会渣滓满口。用力一吸，膏黄满嘴，油润香嫩。突然想起小时候的神话故事，妖怪们总是乐于蒸些婴儿来吃，大概道理和吃六月黄差不多。一时间觉得自己嘴里的牙也长了起来，龇出唇外，不由得咧嘴笑了。

老北京炸酱波士顿龙虾面

龙虾：一夜鱼龙舞

辛弃疾是我最喜欢的词人。想必是个好儿郎，既有醉里挑灯看剑的风流倜傥，又有山水光中过一夏的洒脱，还有气吞万里如虎的豪气。然而英雄自有柔情，我最爱的，还是他那首《青玉案·元夕》。

那个元宵，一定是灯花争艳，清辉皎皎。一阵风吹过，不知哪个角落里飘出悠扬婉转的箫声。如此繁华，却有清音，吹落星如雨。循声而去，熙熙攘攘，不知玉人何处。正惆怅间，意欲缓归，却在朦胧光影里看见带着几分孤寂却又玉光流转的那个人。辛弃疾写词水平之高，亘古未有，纵有温庭筠的深密，仍不能撼动辛弃疾在我心中的位置。不过我读这首词的时候，却老走神。还是太爱玩，一句"一夜鱼龙舞"，让我的心直痒痒，恨不能跳进那个元宵夜，抢一个舞龙的位置，也狂欢一个晚上。

不知怎么的，有人请吃龙虾，我突然脑海里就闪过这首词。看看，不仅仅是走神了，简直直向"焚琴煮鹤"的深渊滑去。可是，我真的喜欢吃龙虾啊。名贵的食材里，黑松露我并不特别喜欢，总觉得有种腐烂的木头味道；鲍鱼虽然弹牙，却吃得不够尽兴，还不如粗柴火细细炖了的红烧肉；鱼翅、燕窝都显得残忍，不吃也罢。龙虾就不一样，名字豪气，可是毕竟不是龙，吃也吃得。最美妙的是龙虾肉的质感。相比同为贵重食材的深海鱼肉来说，龙虾的肉质清爽，带着恰到好处的弹性，但是又不会出现像三文鱼那种过于肥腴、过于"融化感"的不足，在口感和质感上都占了上风。

一般龙虾已是如此，更何况"百虾不遇一只"的蓝龙虾。最好的当然也是最贵的蓝龙虾出产自布列塔尼。即使在法餐中，布列塔尼都是一个代表着奢侈的地名，那里的特殊地貌，使得海水温冷交替，浮游生物的营养丰富，自然增加了龙虾变身为蓝龙虾的几率，也把蓝龙虾养得更加肥美。相比其他龙虾，蓝龙虾的成长期较慢，平均要7年时间，蜕壳30至35次，才能长到30厘米长、900克重，生长速度比波士顿龙虾足足慢了一半。

活拆龙虾肉配油炸珍珠菜叶

蓝龙虾是上天恩赐的食材，跟其他龙虾不同的是，蓝龙虾的年纪对肉质并不会产生多大影响。不论大小，蓝龙虾的肉吃起来都那么丰厚、鲜嫩、醇浓、爽甜，一入口就能感受到那股浓郁丰美的龙虾味，甚至还带有鲜美的牛油味和隐隐的海洋咸香。

龙虾可以说得上是品种最多的食材，除了蓝龙虾，常食用的还有花龙虾、青龙虾、澳洲龙虾和波士顿龙虾。花龙虾的头、胸甲前、背部均有花纹，最适合做龙虾球。香港人和广东人相信过年时吃花龙虾会生意兴隆，生龙活虎，所以花龙虾到了年末岁尾价格都会涨；青龙虾外壳呈现青绿色，体型也比花龙虾小，但是外壳薄，肉鲜爽而甜，味道更香，虾母特别多膏，价格也要更贵，最适合开边后用蒜蓉蒸；澳洲龙虾全身橙红，肉质并不出众，但是价格便宜，很适合铁板烧；波士顿龙虾最显著的特点是和身体比例不协调的大螯，虽然无膏，肉质还是比较细腻，最适合加了白葡萄酒扒。当然，中餐里龙虾还可以用泡菜煮、用豉汁蒸或者直接做龙虾刺身。要知道，每个厨师看到龙虾，都会涌出无限的创作欲望。爱上龙虾，诠释美妙的口感，让鲜美的滋味汹涌而出吧！

扒皮鱼：名贱未必价值低

超市里有种海鱼，外形类似武昌鱼，看起来银鳞闪烁，价格也不贵，不过，名字就比较可怜——"扒皮鱼"。扒皮鱼是什么鱼？谁和它有如此深仇大恨，非要扒皮食之而后快？难道，是类似油条叫做"油炸桧"？

其实，我倒是还挺喜欢吃这种鱼的。做起来也很方便，因为一般都是头和内脏已经去除，所以买回家，直接在鱼身上划几刀，切点姜皮，撒点料酒一腌就可以烧了。扒皮鱼不算腥，可以先炸，也可以直接烧。锅里下油，炸点大料。额外插一句，大料一定要炸，否则香气很难释放出来。然后下葱片、姜丝，炸点辣椒，加入生抽一撞，再略加水，加点老抽上色，扒皮鱼下锅，烧开收汁，出锅前拍几瓣大蒜，扔进去一翻，即可装盘。大蒜一定要用拍的方法弄碎裂，否则大蒜辣素难以释放完全，既不香也不营养。

扒皮鱼的肉其实很嫩，因为身体小而成薄片状，也容易入味，据说含有较多的蛋白质，且脂肪含量极低。扒皮鱼所含的不饱和脂肪酸对控制人体血液黏稠有很好的作用。

说了这么多，扒皮鱼就是马面鲀。有绿鳍的，也有黄鳍的，和八旗兵一样，都是用颜色分的。超市里见到的扒皮鱼，大概就是马面鲀的二分之一左右，头眼、内脏、还有那一层面如砂纸的鱼皮已经被扒去。

在以前，人们认为扒皮鱼皮厚不可食，因此将打捞来的扒皮鱼埋在橘子树下，结果橘树花香怡人，硕果累累，今天看来，也是趣事。

糊里糊涂的"辣椒面糊涂"

河南很多小吃都叫糊涂，比如糊涂面或者面糊涂。糊涂面属于面食，用小麦面做成面条，加其他作料制成，吃到口中能感觉到一颗颗面粒，很有口感，河南人称糊涂面条。面糊涂，或者就叫糊涂，我觉得其实它应该算作粥汤类的。反正是各种蔬菜和面条一起煮了，还要放馓子碎、香菜、豆腐皮丝等，类似于玉米面糊糊做的河北的"和子饭"。说到这儿，您糊涂了没有？在河南，不管叫不叫糊涂，很多稀的小吃都是糊里糊涂的。比如胡辣汤，糊里糊涂；比如豆沫，糊里糊涂；再比如，就是这个辣椒面糊涂了。

辣椒面糊涂正规的叫法是"老面馒头蘸糊涂"，我是在濮阳贵合园吃的。做法也不算复杂，锅上火入底油，放入葱花和干辣椒炸至微糊并出香，加入五花肉粒煸香，添少许高汤，下入白菜丝和泡好的圆粉条，加上盐、味精、鸡粉、老抽、蚝油、十三香、油辣椒圈等调料烧开。另将炒面加水搅成糊，倒入锅中勾浓稠芡，盛入碗中，面糊涂就做好了。上桌给客人吃的时候，再配上质感实在的老面馒头即可。

这道小吃，乡土气息浓厚，老面馒头喷香，蘸上面糊涂或者把馒头掰成小块泡进糊涂里，味道咸香浓郁，微辣爽口，十分下饭。

其实在中国，"糊涂"在很多时候是很有深意的一个词。老百姓的话就叫"揣着明白装糊涂"，这关键看你什么时候装。季羡林大师的解释就更上一层楼了。据说有一次温家宝总理去看望他，说他写的文章很好，说的都是真话。季老说："要说真话，不讲假话。假话全不讲，真话不全讲，"并且还加了一句："就是不一定要把所有的话都说出来，但说出来的一定是真话。"你看，大师就是大师，看事情看得非常明白。

郑板桥鸭糊涂

老面馒头配糊涂

　　说到这种"糊涂文化"，亘古至今有一绝的应该是郑板桥的"难得糊涂"。老先生说："聪明难，糊涂难，由聪明而转入糊涂更难。退一步，放一着，当下心安。非图后来福报也。"这是一种修行了，境界更高。

　　老先生的糊涂也有境界很高但平民百姓够得着的。袁枚《随园食单》里有一道"鸭糊涂"，据说和郑板桥有很大的关系。这鸭糊涂怎么做？袁枚说得很清楚："鸭糊涂用肥鸭，白煮八分熟，冷定去骨，拆成天然不方不圆之块，下原汤内煨，加盐三钱、酒半斤，捶碎山药，同下锅作纤，临煨烂时，再加姜末、香覃、葱花。如要浓汤，加放粉纤。以芋代山药亦妙。""粉纤"就是粉芡，勾芡是也。今天在南京等地还能吃到鸭糊涂这道菜，做法与袁枚的描写类似。

　　鸭糊涂的玄妙，在于主料不方不圆，味道不浓不淡，形态似羹非羹，似汤非汤，加上山药经切碎煨煮，也呈糊状，看起来真的是一片糊涂，可是又不是真的糊涂，在多料混合之中，达到浓淡均衡之质，尝出五味调和之妙，是真的"难得糊涂"啊。

灶头的奥妙：奥灶面

第一次吃到奥灶面，是在苏州。

苏州，我最爱的其实是虎丘。苏州的新区和旧城给人两种强烈的对比，让人可以截然地分开来。工业园区是夸张的繁华和压抑，虽然苏州有不少地方都能看到仿制的黛瓦白墙，但却缺少了几百年的历史沧桑和那份厚重带给人的心安。

虎丘旁仍有一条可以摇橹行船的小河，两旁是临街倒影的小楼，凸显水乡风情。信步走去，别处是愈有阳光愈灿烂，这里的阳光却发不了威，斜斜地射在巷子一侧的墙上，再难以下行，反而剪裁出下面更暗的幽深，衬得斑驳剥落的青苔，阴湿得要滴出水来。天上是一线细蓝，云卷云舒都不相干，地上是带着水珠的碎卵石，一片星光闪闪，"上有天堂，下有苏杭"，倒还真是有点天街银巷的味道。

若是清晨，小巷也在晨雾中和人们一块醒来。瓦檐上凝着的朝露迫不及待地跳下，打出一片烟雾迷蒙。一路行去，你可以听见洗漱声、开门声、门轴转动吱吱扭扭的声音，再加上不知谁家听不很真的极快的吴侬软语，真是一幅活色生香的生活画卷，落在你心灵的尘埃上，溅起一腔的惆怅。想想当年，这里说不定也是莺歌燕舞、笑语嫣然，充斥着两情相悦，只是刹那芳华弹指老，一切都归于平静。恰如旧上海社交名媛决然的罢手，一切的灯红酒绿，瞬时隐去，复归淡然，举手投足间已了无痕迹，干干净净。

旧城里的苏州和别处自有不同。杭州是"西湖歌舞几时休"的明艳，繁华的一场春梦罢了；南京是"旧时王谢堂前燕，飞入寻常百姓家"的变幻，无情而又无奈。苏州永远都是"小楼一夜听春雨"，让你的周围充满红的桃花、粉的杏花，香雪海里，暗香不断。

这香如果俗气一点来说，还透着美食之味。苏州的点心甚多，梅花糕、定胜糕、松仁糕、海棠糕；面条种类也不少，爆鳝面、大排面、卤鸭面、二黄面，然后我就发现了一个想不通透的面——"奥灶面"。奥灶面是什么面？其实苏州的面基本都是汤面，细圆面条加上汤头，搭配不同的浇头。奥灶面里我最爱吃的是爆鱼面。爆鱼是硬撅撅的一块，用的是青鱼。好味道在汤头里。汤头其貌不扬，黑黢黢的，仿佛酱油水，一尝，嗯，鲜美的香气活灵活现的游动起来。怎么做到的？把青鱼的鱼肉先煎后煮，煎的时候提香，煮的时候吊汤。关键的不是单纯的鱼肉，必须加上鱼鳞和鱼的黏液。鱼鳞是一片片的胶质，鱼的黏液是大腥方能达到大鲜，把这些不起眼的

东西一起烹制，反而化腐朽为神奇。奥灶面必须现点现做，所谓"一滚当三鲜"，保持一定的热度，奥灶面才好吃。面条是用精白面加工成的龙须面，下锅时紧下快捞，使之软硬适度。奥灶面最注重"五热一体，小料冲汤"。"五热"是碗热、汤热、油热、面热、浇头热；"小料冲汤"指不用大锅拼汤，而是根据来客现用现合，保持原汁原味。奥灶面也不是只有一种味，我看到还有鸭肉或其他肉片等不同的配搭。

那么为什么叫奥灶面呢？我看资料上说是"奥妙都在灶头上"之意。我私下里觉得这个说法有点附会，起码是经过总结加工。我到宁肯相信另外一种说法——奥灶面看起来不够清爽，搭配得也比较杂乱，苏州土话管乱七八糟叫做"懊糟"，所以叫奥灶面。

鱼汤面

我在南京，吃到了一碗非常好吃的鱼汤面。

我写美食文章，也帮所在的企业写菜单上的菜品描述文字，写来写去，发现美食这个东西，真的是各人有各味，每个人的认可标准归根结底就是两个字——"好吃"。可是这个好吃，你认为的"好吃"和他认为的"好吃"，未必相同，但是如果大家能较为普遍地认可什么东西好吃，那大约就是真的好吃了。

南京的这碗鱼汤面，我们一行 20 人，异口同声地说"好吃"，这真不容易。别看只有 20 人，但都是餐饮界里摸爬滚打十几、二十年的，吃的好东西不少，一个比一个挑食，而且饮食习惯还不同。你看我是山西的，喜欢酸、咸；还有四川的，喜欢麻、辣和重油；也有北京、山东的，喜欢酱香，喜欢滋味浓郁。可这碗鱼汤面降伏住了众人，那就是水平了。

我和南京结缘，开始于我的第一份工作。我 1997 年大专毕业，自己应聘了一家省城的三星级酒店，我们酒店实行的是委托管理，管理方就是南京金陵大酒店和当时属于金陵集团的金陵旅游管理干部学院。餐厅自然输出的是淮扬菜，招牌菜里有一道面食就叫做"鱼汤小刀面"。那时候没见过什么世面，有大吃大喝的机会，都冲着鲍鱼、象拔蚌去了，最差的也是招呼一些河鲜，这面还一直没吃过。这次到南京，一尝之下，悲喜交加——悲的是早几年没吃上，喜的是毕竟此生不负卿。

这鱼汤面端上来的时候，卖相并不吸引人。就是白不刺啦的一碗，连个葱花什么的都没有。老祖宗说吃食要"色香味"俱全，那是有道理的。色吸引的是视觉，视觉有了冲击力，再提鼻子一闻，呀，嗅觉也调动起来了，最后一尝，味觉感到愉悦，所以"好吃"。这鱼汤面的视觉效果不够，勉强动筷子夹了一绺，这一尝，太好吃了，让人不能停下来，直到全吃光。所以，我们在色香味后面又补充了一些观点，你看，西方人是用鼻子吃饭的，他们特别在乎"香"，所以饭菜里迷迭香、薄荷、香芹、鼠尾草什么的香料狂撒一气；日本人是用眼睛吃饭的，他们特别在乎"色"，日本料理的色彩、器皿都是令人赏心悦目的。后来韩国人也是这一路数，不过仿佛吃来吃去，红的、绿的、黄的、白的都是泡菜而已；中国人是用舌头吃饭的，最在乎的还是"味"啊。比如我平常动不动就洗手，没事就拿个骨碟、杯子看看，有没有指纹、水痕，但遇到街边小馆子，只要东西好吃，吃的那叫一个欢啊，根本看不见油腻的桌子和旁

边飞来飞去的大苍蝇。

鱼汤面原来是用鳝鱼来制汤，现在野生鳝鱼的味道退步了，不如以前那么味浓，所以，追求品质的店家都用四种鱼来制汤了。这四种鱼是鲫鱼、乌鱼、黄鳝和泥鳅。鲫鱼和乌鱼有鳞，但不要去除，鱼鳞不仅味道鲜，而且胶质多，有利于鱼汤的厚重感。这四种鱼都很鲜美，但是具体的鲜美又各有不同，四种鱼加起来就是绝好的复合鲜味。把鱼肉全部拆碎，小的鱼骨也保留，用猪油加上葱姜、白酒等慢慢炒香。炒到五六分熟，就加入开水熬制，熬制十几、二十分钟后，把各种原料捞出，另起炉灶接着炒制。把原料全部炒成金黄色后，再放入刚才熬制的汤中，文武火慢炖四五个小时，汤汁变成稠浓的奶白色后，就可以过滤了，剩下的就是鲜美得不得了的鱼汤。这样两次炒制、两次熬制，才能把鱼的鲜最大程度的提取出来，成为一碗好汤。把面条另外煮好，趁着热浇上鲜美的鱼汤，热上加热，鲜上增鲜。

我喜欢南京，除了六朝烟水气、乌衣巷口的斜阳、云锦厚重的华美外，这飘散在市井人声中的一缕鲜香，也是其中的原因之一吧。

天哪，纳豆

韩良露（台湾著名美食家）说，她喜欢纳豆，而且当吃第一口的时候，她就知道她和纳豆今生有缘。天哪！

即使在纳豆被宣传得神乎其神，基本成了包治心脑血管疾病的神物，而我又确实有可能需要预防这方面的疾病情况下，我仍然不能顺畅地接受纳豆——倒不是因为臭，而是完全不知道是种什么味道，似乎是最奇怪的味道组合，仿若地狱的感觉一般。

由此可知千利休也确实不是一般人。这位聪明的一休哥，将日本茶道升华为一个体系，并且在茶道中加入了料理的因素。而很著名的纳豆流派之一也由他创发。想到吃点纳豆之后再去喝茶，我一定会颤抖着崩溃。

就连日本的年轻人都有很多接受不了纳豆的味道！我看到有的人用纳豆直接拌白米饭吃得津津有味，简直佩服得五体投地。我是把纳豆当成药来吃的，最好还要拌上芥末，来压制那股怪味。我一直坚定地认为，在很早的时候，中国传入日本的豆豉被他们做坏了，才有了纳豆。

纳豆和豆豉一样是用大豆发酵而成，但是颜色是枯败的黄，除了有特殊的腐败气味之外，当你用筷子去搅动或夹取纳豆时还能拉出长长的细丝，这些丝不容易断掉，附着在碗壁上，不一会就会变成一楞楞凸起的硬丝。纳豆最初是由寺庙里的僧人制作的，而日本寺庙的厨房称之为"纳所"，这里制作的豆子当然就顺理成章地称为"纳豆"。

日本人吃纳豆，最常见的吃法就是把纳豆拌上酱油、葱花、芥末、芝麻油，和生鸡蛋搅成一团放在白米饭上吃。也可以把纳豆切碎后，加入到凉汤中一起喝，还可以做成纳豆手卷，或者将纳豆和墨鱼、银鱼等拌在一起吃，甚至还有的人用纳豆加上蜂蜜直接食用。但是纳豆这几年风靡世界，则完全是因为它的保健作用。1996 年日本 "O-157" 大肠杆菌食物中毒大暴发后，人们发现似乎常吃纳豆的人得病的几率很小，于是对于纳豆可以抗菌的说法更是深信不疑。而纳豆所含的纳豆激酶的超强溶血栓作用，也一直被世人推崇。

当年千利休禅师制作纳豆食品，主要是为了化腐朽为神奇，提醒僧人在寂静之中安于现实，在减少对物质的追求后求得心灵的富足。而现在人们把自己的平安健康单纯寄托在小小的纳豆身上，却不能够持之以恒地关照自己的内心从而改变生活的态度和方式，恐怕是千利休禅师所没有想到的，而这种希冀恐怕也将成为纳豆所不能承受之重。

深海鱼刺身拌纳豆

关关雎鸠，"在喝之粥"

　　我在这个世界上最爱喝的粥汤有三种：疙瘩汤、生滚粥和醒胃牛三星汤。我在山西长大，山西的饮食是比较质朴的，到现在也拿不出特别上台面的大菜。然而，什么是故乡？故乡就是你不管在哪里都长了一个最认可儿时饮食的胃。我搞餐饮这一行，世界上有名的珍馐基本都吃过了，然而，自己一个人的时候，最想吃的还是山西太原的吃食，比如头脑，比如大烩菜，比如疙瘩汤配葱花烙饼。

　　疙瘩汤自己做还是比较容易的，只要有酱油、猪肉、西红柿和青菜，基本自己能找到自己喜欢的味儿。另外两种就不太容易了，生滚粥时间上太麻烦，牛三星汤食材的畜腥味不好整制。

　　我生长于北方，按道理口味上应该偏红烧、酱香，可是又很能吃辣椒，和湖南人有一拼。并且又喜欢粤菜体系，因为粤菜是清淡而不寡淡的至味啊，让你感觉上无负担、口腔里无遗憾。不过毕竟是北方人的底子，我对广东那些海鲜什么的，一是分不清，二也吃不出好来，喜欢的都是街边摊或者老的吃食。相比之下，更喜欢煲仔饭、虾饺、鼠曲粿、粉粿、蚝烙……稀的里面最爱吃的就是生滚粥和醒胃牛三星汤。

生滚粥最传神的就在一"滚"字。"滚"作为动词，意思不复杂，但是需要意会。通常它是骂人的，但是如果是"烂嚼红茸，笑向檀郎唾"之后，再轻启朱唇，说一滚字，那便是你侬我侬的郎情妾意，羡煞旁人。而用在粥上，就是什么食材都可以，又通常是肉类，在米粥里滚熟，因为是粥，先就占了不油腻的上风，再加上火候刚刚好，滑嫩便也是先机了。

生滚粥毕竟首先是粥，粥就要用米。米最好用东北大米，油性大些，也比粳米香，涮熟食材时也不容易潲。熬粥底比较麻烦，要用猪油先炒干米，炒到米粒都要蹦起来，才另换了砂煲，必须用滚水，搓碎江珧柱，一起慢慢煮成粥。煮到什么程度？煮到看不到米粒，变成一绺一绺和水融合的糜就行了。一般过程中离不得人，要时常搅动，免得粘锅，前功尽弃。

粥底熬好了，真的是什么都可以滚啊。我大多滚鱼片、田鸡

海鲜蚝粥

芫荽肉片粥

醒胃牛三星汤

或者牛肉，皆十分滑嫩，本味格外的鲜甜。我看广东人基本最后都加姜丝，倒是养生的，有助于补脾疏肝，因为广东湿热天气多，多吃姜可以化湿。

除了化湿，还需要醒胃。化妆品醒肤，离不得酒精；人要醒胃，总少不得酸。醒胃牛三星汤里的酸，广州人叫"咸酸"，其实我觉得就是泡菜，只是不用辣椒而已。咸酸到底是什么？我请教过在东莞长大的朋友"小橙子"，他说，和泡菜类似，但是用词不够准确，非要解释，叫做"广东腌瓜果"比较好。对，咸酸除了常见的白萝卜，还有很多瓜果也可以腌，比如木瓜、桃子、李子、藠（jiào）头、沙梨等，我也见过有腌树番茄的，在云南叫做西番莲。牛三星是牛身上的三个部位——牛肝、牛心、牛腰，畜腥气都比较重，用了咸酸，不仅肉质变得更好，畜腥味也没有了，反而吊出格外的鲜香。好的牛三星汤要看上去干净，现做现上。汤看上去很清淡，入口却应该很浓。牛三星的质感是最体现店家功夫的，好的牛三星不能发韧，甚至要带一点脆爽的感觉。咸酸萝卜丁要多一点，才够开胃。

广东美食太多，如果你想越战越勇，一定要吃碗生滚粥养养胃，再来碗牛三星汤开开胃，那就接着吃去吧……

没有泡菜的四川是不完美的

一说川菜，因为是太接地气的菜系，每个人都有每个人的最爱，鱼香肉丝、东坡肘子、宫保鸡丁、鸡豆花，堪称经典中的经典；肥肠粉、酸辣粉、担担面、龙抄手是小吃中避无可避的一种怀念。所以，你问别人爱吃四川的什么美食，千人必有千个答案，唯独有一样，只要一提，大家还是异口同声地认可，那就是四川泡菜。

我有一哥们儿，是四川人，有次在四川，我和他一起去菜市场买菜，他妈妈要给我们做饭吃，顺便叫他挑个泡菜坛子。我小时候见过泡菜坛子，就是一大肚陶制坛子，只不过口沿上伸出一圈，然后口上先有一个平板的小圆盖子，再有一个倒扣着的碗形状的盖子。四川的泡菜坛子也这样，没啥特殊，然后我这哥们儿挑坛子的"绝活"把我镇住了。

我记得小时候跟我妈去买泡菜坛子，好像没什么特别的挑头，就是看看漏不漏、有没有裂，我这哥们儿也是先摸摸坛子，然后敲敲坛壁，听着声音也还清脆，我就打算拉着他付钱走了。结果，人家还是站着，从兜里"嗖"的一声掏出一张纸，打火机点着了往坛子里一扔，然后马上盖上盖子，沿边沿倒一圈水，看着水嗞嗞的吸进坛壁里，他才满意地付钱了。结果他走了，我没动地方，还在那想呢，这坛子挑得真有范儿！哥们儿说这样可以证明坛子密封性是否好，要是密封不好，泡菜容易坏。泡菜坛子两层盖子的设计和泡菜时要加水在圈沿上，都是为了加强密封。他还告诉我一件事我也挺震惊的，说以前还不用内盖子，是要用棉布包着沙子成为一个小拳头样的盖子盖在坛子口上。我还问了几遍："是沙子

老坛泡菜配香煎多宝鱼柳

四川泡菜

低温三文鱼蜂蜜果粒配泡菜丁

泡凤爪

么？是地上那个沙子么？那没有细菌么？"这哥们儿说："哪来那么多细菌，反正就是用沙子！"我觉得这也是四川人乐观精神的体现。

四川泡菜好吃，我觉得除了口感上的原因外，还在于它的兼容并蓄。在四川，真的什么都可以泡啊，比如白红萝卜、黄瓜、佛手瓜、棒棒青、莴笋、仔姜、红辣椒、豇豆什么的，不过像黄瓜、莴笋什么的，比较嫩，水分大，往往泡一两天就可以了，四川人叫"跳水泡菜"；而像豇豆什么的，比较难泡，就泡得时间长一些，甚至可以泡在坛子里一年不捞出来。

泡菜怕坏，所以泡泡菜有几点要特别注意：一是泡菜用水必须干净，一般都用放凉的白开水；二是一定沾不得油，只要有油，泡菜必坏；三是泡菜放置温度不能太高，四川一般都是冬天大规模地做泡菜，夏天就做得少。

如果泡菜水变得特别黏糊了，那一般就是坏了，没什么办法拯救。如果只是表层发了白花，水体还比较清，我记得我们家都是把白花捞出扔掉，再往坛子里加点高度白酒，而且必须是高粱酿的白酒，一般问题不大，泡菜水可以起死回生，而且味道更佳。我这哥们儿说，加了白酒容易让泡菜不够爽脆，他们四川一般都是多加花椒，不影响质感，口感反而更好。

四川泡菜还有一个让我觉得神奇的地方，就是泡菜居然可以泡荤的！我们都是泡点蔬菜什么的，顶多泡点苹果片、梨片，为了提味。人家四川泡菜还可以泡鸡爪子、猪耳朵！而且还特别好吃，不仅不油腻，味道也十分清爽绵长。

后来我在著名的川菜餐厅"眉州东坡"吃过一道老坛子泡菜配香煎多宝鱼的菜，选用多宝鱼柳精心煎制，加上秘制勃艮第沙司，创造出中西合璧、鲜香极爽的感觉。但这还远远不够，锦上添花的是老坛泡菜丁，四川千年沉淀的美味，和勃艮第沙司碰撞出无法言表的美味。他们怎么想到这样一道给人惊喜的菜品的？当我在眉州东坡的泡菜车间看到几百个半人高的泡菜坛子的时候，这个问题迎刃而解了。

鸟鸣唤醒了松露，雨露滋润着松茸

　　云南是菌子的故乡，菌子的种类多得不得了，好吃的菌子也多得不得了。我基本上都很喜欢，从鸡枞菌到干巴菌，从见手青到黑牛肝、黄牛肝、红牛肝，哪一样都鲜美到令人觉得幸福来得特别突然。当然，名贵而又可遇不可求的还是松露和松茸。

　　一提松露，最知名的还是法国松露，这和法餐在世界美食体系中的地位有很大关系。在法国，黑松露和肥鹅肝、鱼子酱并称为三大昂贵食材。从颜色上来说，松露有黑白两种，白松露更为稀少和贵重。白松露只在意大利和克罗地亚有少量出产，黑松露在意大利、西班牙、法国和中国均有出产。而中国的黑松露，产自云南。

　　云南的黑松露，因为其貌不扬，而且气味不同于一般的菌子，其实以前并不被当地看好。而喜欢松露

云南黑松露

泉水松茸

黑松露红烧肉

云南松露蒸水蛋

气味的人则认为松露香得不得了，所以在法国，一盘菜在最后撒一点黑松露的碎屑，都被认为是高档和美好的，更别提再浇上几毫升白松露油了。松露到底什么味道呢？我觉得好像微雨打湿的丛林、古树散发的气息，而法国有的美食家描绘它为"经年未洗的床单"散发的味道。不管什么味道，这种味道在松林里极具隐蔽性，因为和树林里的气息完全一致，必须依靠极为敏锐的嗅觉才能分辨。嗅觉最好的家畜就是猪了，法国训练猪来寻觅松露，而在中国云南，老乡们则直接把这种黑色的块状菌命名为"猪拱菌"。

　　黑松露在云南，食用方法很多，绝不像国外那么"小气"。在昆明有一家餐馆，叫做"得意居"，是当年蔡锷和小凤仙的寓身之所，甚至推出了一系列用云南松露制作的菜肴。我自己比较喜欢的是松露蒸蛋，在黄嫩的蒸蛋上排着十几片黑松露，色泽搭配得俏皮而不张扬。黑松露货真价实，从色泽上来看大约有2～3个不同产地的品种，香气上有略微的差异，而又能尝到松露菌较之其他菌子显得脆硬的质感。

　　不过说实话，云南松露在香气上确实无法和法国黑松露相媲美，差距是比较明显的。我在北京的中国大饭店夏宫品尝厨师长侯新庆大师的杰作——法国黑松露红烧肉后，对大师的菜品造诣赞不绝口，当然也对法国黑松露的香气留下了更为深刻的印象。云南松露虽然不是最佳，但毕竟也是出自名门。

　　而我认为能拔头筹的菌子就是云南松茸了。松茸也不是中国独有，日本、朝鲜半岛皆有出产。哪怕是在国内，长白山也是出产松茸的，可是我认为最好的还是云南香格里拉出产的松茸。

不管是松露还是松茸，都是由菌和松根结合产生活性菌根带，在相对湿润的环境里生长。不同的是，松露只要成熟，即使不采摘，一年之后也会自然死亡，而松茸却不同，只要松树健康、土壤条件稳定，它的寿命是很长的。而且茎干越粗越长的松茸，等级越高。不过，松茸的菌盖是不能展开的，一旦菌盖展开，就没有了任何经济价值，当地人有时候形容健康而懒惰无用的人就叫他"开花松茸"。

有意思的是，松茸的气味同样被喜欢和不喜欢的人两极分化，它浓郁的松香味道，在以前被云南人认为是一种邪恶的气息，称呼它为"臭鸡枞"，直到知晓了日本人对它的狂热，才发现了它巨大的经济价值。

实际上，松茸最大的价值是在养生方面的作用。日本在二战时被投掷了两颗原子弹，辐射过的地方寸草不生，而松茸却可以正常的生长，可见松茸抗辐射的能力极高。而这么多年的研究也表明，松茸对于治疗糖尿病也有着非常好的效果。

但是对于我来讲，松茸最大的好处就是好吃。将刚刚采摘的松茸用泉水洗净，片成薄片，放在炙板上烤，然后直接蘸一点盐食用，仿佛整座松林的香气都在嘴里散开，真的好像在天然氧吧里吸了氧一般，身体立刻活力四射。

它，似蜜

清真整制羊肉，那是一绝，没法比的。

北京老的清真馆子我常去的是烤肉季和紫光园，前者以烤肉出名，后者成了北京平民化的风味餐厅。烤肉季的烤肉确实好吃，不过我始终搞不清楚它到底是蒙古烤肉还是清真烤肉。烤肉季的其他吃食也是不错的，尤其是那些北京的传统菜，比如，它似蜜。它似蜜紫光园也做，味道也很好，这倒是遂了我的心。

光看它似蜜的名字，如果没吃过，一般人绝对猜不出来这道菜是羊肉做的。羊肉实际上是非常好的食材，尤其是在补养人体虚劳方面，而且这种补养，是缓慢而

有效的，不存在什么虚不受补的情况。故而，在清代，无论是民间还是宫廷，都把羊肉作为一个重要的食疗品种。从现存的《清宫膳底档》来看，羊肉出现的频率很高，一方面和满族的饮食习惯有关，一方面，和慈禧的推动有关。当然，这并不是慈禧有意而为，只能说，她有一个水平很高的御医。

从现在慈禧的日常食疗方子来看，经常出现的不是名贵药物，但都非常适宜和对症。例如当《起居注》中出现了慈禧略有腹泻的时候，在《膳底档》中焦米就出现了，而焦米正是用来治疗腹泻、补充身体微量元素的，炒焦的小米是也。慈禧年纪大了以后，牙齿也不是很好，所以慈禧偏爱软烂质感的食物，又比较偏甜。从中医的角度来看，肾的意义很大，但中医的肾，不是指一个脏器，而更多地是指一种以肾脏为主的人体防御机能。所以肾的好坏表现在很多方面。最基本的是"肾主骨生髓，其华在发"。一个人的肾好，他的骨头就比较强壮，而头发也会有光泽。中医又说，"齿为骨之余"，意思是牙齿也是骨头的延伸，故而牙齿不好也反映肾的毛病。

肾的机能对男女都一样，甚至在女性的身上表现得还更明显。我们常说"黄毛丫头"，其实那是小女孩在五六岁前肾气、肾精还不充足，故而头发色泽不好。在正常的饮食和发育下，长大了，头发自然就黑亮了。而女性过了50岁，肾气又开始衰弱，牙齿松动，头发稀疏，都是很正常的。我们看到慈禧的日常饮食里很多是用来补养肾气的食材，比如黑豆，再比如，羊肉。李时珍在《本草纲目》中说："羊肉能暖中补虚，补中益气，开胃健身，益肾气，养胆明目，治虚劳寒冷，五劳七伤"。但是羊肉

入膳，最大的问题是膻味浓重。如果是民间，还可以用大葱、芫荽甚至孜然什么的味道浓重的香料遮盖，可是慈禧不好那一口。故而逼得御厨们左思右想，创制了一道"蜜汁羊肉"。

羊肉要想蓬松软嫩，必须码味挂浆。因此"蜜汁羊肉"是用羊里脊肉或羊后腿精肉切片，用鸡蛋和生粉挂糊，入热油锅炒散，加上姜汁、糖色、酱油、醋、黄酒、白糖、淀粉等调成的芡汁勾芡而成。做好的"蜜汁羊肉"，色泽黄中带红褐，滋润诱人，仿若杏脯。吃起来，松软柔嫩，香甜如蜜，回味略酸，绝无腥膻。这"蜜汁羊肉"的做法看似简单，但步步都是功夫，一步不到位，整道菜就做砸了。

慈禧特别喜欢这道菜，觉得羊肉能如此简直不可想象。一问名字，觉得太直白，遂命名"它似蜜"。

把往事酿成腐乳

在中国，腐乳无处不在，而且腐乳的发明和豆腐的发明一样，都是那么伟大而福泽绵长。有名的腐乳不少，北京的玫瑰酱豆腐、王致和臭豆腐；云南的路南石林油卤腐；黑龙江的克东腐乳；广西的桂林腐乳；广东的水口腐乳；四川的海会寺白菜腐乳，等等，当然，还有台湾的腐乳。

台湾的腐乳常见的有几个类型：一种是甜酒白腐乳。乳黄色的小方块，口感绵软，入口是鲜甜，然后有咸的感觉，一般都会有发酵过的黄色的豆瓣、清淡的汁液和腐乳相配合。另外一种是麻油辣腐乳。在白腐乳的基础上，加了辣椒粉和芝麻油，香辣油滑，又有腐乳特殊的香味。还有一种是水果腐乳，常见的有梅子腐乳和凤梨腐乳，是用白腐乳加了水果，更加的清甜，有浓浓的果香。最后一种是红曲腐乳。就像我们说的酱豆腐。但是这其中，我最喜欢的还是甜酒白腐乳。

不管哪种腐乳，总归要使用豆腐进行发酵，形成菌丝体后再加上卤汁浸泡腌制入味。别看只是一小块腐乳，却是手工制作，工序多多，注意事项也不少。首先是选择豆腐的时候，豆腐的含水量是个大问题。豆腐里面的水分多，豆腐软，做出的腐乳不成形；豆腐里面水分太少，豆腐发干，真菌菌丝就不好快速生长。一般来说，科学的数据是豆腐的含水量在70%左右。豆腐需要使用稻草或者粽叶等引发真菌生长，这个过程需要5天左右，温度必须在15～18摄氏度之间，否则也要影响真菌生长。当直立的菌丝已经呈现明显的白色或青灰色毛状后，还要将豆腐摊晾一天，为的是散掉发酵产生的霉味以及减少豆腐在发酵过程中产生的热量。当豆腐凉透以后，就成为长满毛霉的腐乳毛坯，这个时候就可以用卤汁腌制了。加上米酒、盐、糖、花椒、桂皮、姜、大豆粒等制成的甜酒卤汁，密封泡制六个月，就成为一罐可口美味的甜酒白腐乳，可以食用了。

欣叶的爱丽丝（Alice）曾经送了我一大瓶甜酒白腐乳，里面能够清楚地看见黄色的如同水豆豉的豆瓣和呈小方块的白腐乳。腐乳本身滑腻如脂，用筷子头刮一小层下来送进嘴里一抿，有一种特有的腐乳

香，不但并不怎么咸还带着回甜，一顿饭我可以吃两大块。蒸鱼时抹在鱼身上也别有一番风味。

仔细想想，我为什么喜欢腐乳？因为它像是往事。随着年龄的增长，有的时候我也开始回忆过去。把往事酿成红酒，你会享受醇美的香气，别人也会欣赏你光鲜的生活；把往事酿成腐乳，也许更多的味道只有自己知道，可是却可以伴你一生，永远都不会相厌。

萱草：疗疾之思

萱草的花语是"忘却的爱"，有一种淡淡的忧伤。中国古代的游子离开家之前，都会到幽深的北堂、母亲居住的地方，种下一片萱草，期待萱草花那一抹亮色能够抚慰母亲挂念孩儿的心。而后来，因为萱草花亮而不妖，花型端庄，它也逐渐成为"母亲"的代称。在很多文学体裁中，每当充满思念的惆怅时，萱草花都会出现。

可我每次看到萱草的时候都很高兴，因为它还有一个名字叫做"黄花菜"，是我很爱吃的食材。萱草是很雅的称呼，黄花菜就平易近人多了。姥姥原来在屋前总会平整出一块地，种十几丛黄花菜。每到夏季，黄花菜开出嫩黄色的或者橙红色的花，姥姥就会把它们带着露水采下，用水冲洗干净，然后上蒸笼蒸透，放在通风的阳光处彻底晒干，一年的金针就够吃了。是啊，"黄花菜"是它新鲜的时候，我们家一般的习惯叫法，等它干了，我们通常就叫它"金针"，也没什么缘由，大概就是因为干了后比较像一枚金色的针。

黄花菜入菜很神奇，可以马上提升菜的味道和香气。用得多的是面条打卤中，一股幽香中和肉的肥腻，提升汤汁的香气，浇在面上，再加点醋，嘿，别提多带劲了。我自己也喜欢把它用在烤麸里。我现在吃的烤麸都是买好面筋自己做，如果配料里缺少了金针，烤麸最终的味道就会大打折扣，食之无味，弃之可惜。

金针除了做菜，也作为中药被广为应用。小的时候我在河床上玩，睡着了被毒蚊子叮的满身大包，几近昏迷，母亲送到老中医那里，几服药下去，恢复如初。最后一次看病时，老中医抚须而言：孩子还小，未下猛药，余毒尚在体内，直到十五岁前，每年夏秋季节身上必起黄水疱，痒甚，需挑破，沾涂金风散。金风散为何物？干金针研为细末即成。其后，果真如老人家预言，丝毫不爽，于是每年金针粉末都不离我左右。年满十六，果真未再犯。感恩之情，半系老人家妙手，半系金针之功。

后来翻阅医书，《本草求真》上说："萱草味甘而气微凉，能去湿利水，除热通淋，止渴消烦，开胸宽膈，令人心平气和，无有忧郁。"李时珍《本草纲目》上也说，萱草可以"疗愁"。所以，古人也称萱草为忘忧草，然也然也。

姥姥八十八岁的时候去世。去世那天还正常地做了晚饭，后来晚上十二点的时候突然从床上坐起呕吐，送到医院再也没有醒来。姥姥走的没有痛苦，只是那以后我也再没有吃到味道特别好的黄花菜。

伊府面，滋味永回味

中餐文化很神奇。往往，一个不起眼的物事，却蕴含着很深刻的烹饪思想和理论；而又往往，一种食品，联结着菜和饭的通道，亦饭亦菜，它可以雅到用鸿篇大论来论述，也可以俗到进入千家万户，王侯平民无差别，一样对它喜爱有加。

伊府面，符合以上所有对中餐文化的想象。

凡是这样的美食，往往被各地争抢，以至于身份不明。但是伊府面，谁也抢不走，就像宫保鸡丁一样，那是人家丁宫保的专利。而伊府面是伊秉绶的杰作。

伊秉绶是乾隆时期的官宦，纪晓岚的弟子，又向刘墉学习书法。他的字有高古博大之气，又融合金石之道，说他是书法大家亦足能堪称。可惜，真正被后人更为熟知的，还是他创制了伊府面。

伊秉绶是福建客家人，后在广东为官，再任扬州知府。据说，他在扬州期间和府上的厨师一起创制了伊府面。而伊府面不仅流传于扬州，自然也跟着他，落地东南。现在，广州人寿筵上多有吃伊面的习俗，而福建宁化客家人至今祝寿时也要吃这种"秉绶面"。

说了半天，什么是伊府面？用鸡蛋和面，做成面条，煮熟过水，稍干，以油炸之，久贮不坏。因为水分少不易变质尔。现在的方便面也是一个道理，有的厂家宣称他们的方便面不含防腐剂，我信，因为根本不需要防腐剂嘛，那么干燥，放几个月没有任何问题。可是，有没有人发现我们自己做的油炸食品几星期就会有油脂的哈喇味，而方便面不会？那是因为里面添加了抗氧化剂的缘故。伊府面是不添加抗氧化剂的，它也不放那么长的时间。伊秉绶半夜读书饿了，或者忙于政事误了吃饭，厨师就会取出伊府面，水烧开一滚就好，撒点雪菜、笋丁、虾仁，两片青菜叶，一碗很丰盛的美味就做好了。

等等，怎么越说越像方便面？那是，方便面这种很没水准的食品就是从伊府面发展来的。日本方便面之父其实是中国台湾人，到了日本后，把他吃过的伊府面进行工业化改良，加上包装，当然，也加入了其他的东西，就成为了方便面。我对方便面没意见，毕竟它也是时代的产物嘛。不过，在日本，方便面其实是叫作"伊面"的。伊面伊面，伊府面是也。

绝代风华葱油酥

我觉得犍为葱油酥是我见过的最讨巧的美点之一。

讨巧是因为它可以被南北方人同时接受。曾经有位美食家告诉我：美食是不分地域的，只要它真的好吃，就是全民的。多么伟大的理论！虽然听起来并不靠谱。我记得有一次在南方朋友家里吃早餐，他端来一碗据说是招待贵客的汤团，我一看这没什么啊。问题的关键是这碗里还有一只漂亮的荷包蛋，而最恐怖的是这个荷包蛋加了猪油和一大勺白砂糖！我承认那个早晨是我人生的噩梦，我足喝了三壶普洱浓茶才压抑住了想吐的欲望——荷包蛋难道不应该是咸的么？！而另一个不同的例子是，我们北方人的粽子是甜的，不论它是红枣的还是豆沙的，而南方人他们吃咸的粽子，咸蛋黄或咸肉的，这也是大部分北方人理解不了的。类似的还有点心，北方的点心绝大部分是甜的，南方的点心有咸的，再加上饼皮上如果有芝麻的话，对于北方人来说不如吃个烧饼。

葱油酥，四川犍为的葱油酥是我这个北方人能接受的咸点心之一，甚至大爱。之所以说之一，是因为苏州咸甜味的牛舌饼我也喜欢。葱油酥的用料并不复杂，就是小麦粉、色拉油、白砂糖、麦芽糖浆、香葱、花椒、食盐而已，然而做好的葱油酥像极了金黄的燕窝盏，浓郁的葱香仿佛在空气中形成实质的丝，撩拨你的鼻孔，让人欲罢不能。贪婪的整口咬下，一层层的酥让心和味觉都满足。

葱油酥的魅力一大部分都来源于葱。葱是我认为最性感的食材，没有之一。北方的葱是豪放派，粗大壮实，猛的一掰，咔嚓带响，葱汁飞溅。最宜卷饼，蘸上大酱，甩开腮帮子吃。南方的葱是婉约派，摇曳生姿，甜中有细腻的微辣，拌在伤心凉粉中是眼角最晶莹的那颗泪，不是大雨

犍为葱油酥

葱油拌面

滂沱，却点点滴滴印的最深。

如果把葱炼了葱油，那便是真正的熟女了——举手投足间散发的不是青涩，而是自然散发的风情。一把青葱水灵灵的好看，一罐葱油同样能夺人眼球。仿佛是带着绿的黄水晶，有着魅惑人心的迷乱。那一汪难以形容的金碧澄净，还有少许炼的焦黑的葱段，不再那么光鲜，但终于有了浓郁沉积的异香。葱油最适合的反而不是海参，虽然鲁菜中的葱烧海参也是一道葱香浓郁的美食。葱油最宜是上海

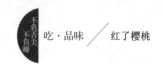
的拌面，加点干透了略过油炸香的开洋，鲜香不可匹敌。

而做葱油酥，却不是用葱油，这个不能望文生义。葱自然是榨出的鲜葱汁，油却是活好的油面团。葱汁加上糖、盐、油炒好，加上水面团、油面团揉在一起，烤到金黄，便好了。闻起来是浓烈的葱香，吃到嘴里，是层层崩碎玉山倾，酥到停不下来，而甜中带着咸，咸又压着甜，拿捏得恰到好处，让我恨不得拍案叫绝、临水而歌。

犍为葱油酥是甜与咸、南与北交融的智慧，带着大自然的鲜香，加上制饼人的巧手与耐心，奉献出饱满诚挚的绝代风华。

红了樱桃

《礼记·月令》里有句话："是月也，天子乃以雏、尝黍羞，以含桃先荐寝庙。"很多书上也这样断句"是月也，天子乃以雏、尝黍，羞以含桃，先荐寝庙。"但是不管怎么说，这话的意思都是，到了仲夏，天子会用新鸡、旧黍和樱桃进献宗庙。

所以，夏天的樱桃从古至今都是美味。以前的水果商人有的将樱桃称为"水果开眼"，意思是这百果之先登场后，其他水果才陆续上市。我更喜欢中国古代对樱桃的称呼——莺桃、瓔桃、含桃。唐朝齐己有《乞莺桃》诗："流莺偷啄心应醉，行客潜窥眼亦痴。"连黄莺都不想放过这诱人的佳果，急着赶在人们采摘之前偷偷啄去。想起小姨在加拿大的家里，院子里有好多棵樱桃树，每到成熟，立刻组织全家男女老幼齐上阵，为的是和鸟儿争食，其间还一边埋怨不少果子上已有被啄过的痕迹，好不热闹。不过转念一想，这莺穿柳带的场景也是一场雅事。至于瓔桃这个称呼，倒让我想起菩萨身上的瓔珞，颗颗红润，宝光毕现，能见仙颜，是多大的福气啊！最喜含桃这个称呼，能含在嘴里的小小桃子，多么形象，格外娇小，更是惹人怜爱。现代变成"樱桃"，倒是容易和樱花弄混，很多人以为樱花败后就结樱桃，其实虽然都是蔷薇科，但是一个是李属，一个是樱属。

樱桃花也很漂亮，不逊色于樱花，但是樱桃本身太出众了，光芒之下，樱桃花就不怎么闻名于世。我很爱吃樱桃啊！小的时候，偶尔爷爷会带回一衣服口袋小樱桃，没有现在的樱桃那么大，倒像珊瑚佛珠，捧在他苍老的布满粗黑裂纹的手掌里，光芒四射，往往便宜了我一个人。

樱桃入菜，我倒没怎么见过。还是金庸先生《射雕英雄传》里写过：

洪七公拿起匙羹舀了两颗樱桃，笑道："这碗荷叶笋尖樱桃汤好看得紧，有点不舍得吃。"黄蓉微笑道："老爷子，你还少说了一样。"洪七公"咦"的一声，向汤中瞧去，说道："嗯，还有些花瓣儿。"黄蓉道："对啦，这汤的名目，从这五样作料上去想便是了。"洪七公道："要我打哑谜可不成，好娃娃，你快说了吧。"黄蓉道："我提你一下，只消从《诗经》上去想就得了。"洪七公连连摇手，道："不成，不成。书本上的玩意儿，老叫花一窍不通。"黄蓉笑道："这如花容颜，樱桃小嘴，便是

美人了，是不是？"洪七公道："啊，原来是美人汤。"黄蓉摇头道："竹解心虚，乃是君子。莲花又是花中君子。因此这竹笋丁儿和荷叶，说的是君子。"洪七公道："哦，原来是美人君子汤。"黄蓉仍是摇头，笑道："那么这斑鸠呢？《诗经》第一篇是：'关关雎鸠，在河之洲，窈窕淑女，君子好逑'。是以这汤叫作'好逑汤'。"

这黄蓉虽然聪明，看来对于厨艺的鼎中之变倒是毫不了解。笋和樱桃可以搭配，但是再加上荷叶，反而几种香气互相消减。尤其是提到樱桃先去核，再塞入斑鸠肉。斑鸠肉哪里那么好熟？就算要入味，也要同时炖好久，樱桃焉得不烂？其实如果没有内力，要想去掉樱桃核让樱桃仍然十分完整都几无可能，不信，你去试试。

关键的问题是，我怎么也想不通，像黄蓉这么一个冰雪聪明、古灵精怪的女子，怎么非要把樱桃煮了吃，生吃不更好么？唉，却也真是煞风景。不去想她，我自装碗樱桃来，吃得满嘴生津，不亦乐乎？

粽子烧排骨

孔夫子说："不时，不食。"意思是不到那个时令，不要吃那个季节才应有的东西。我觉得，圣人就是圣人，说的很对。中国的传统节日气氛越来越淡，和这个有关。

开记肉粽

中国是农业大国，历来重视传统，这个传统和"天"分不开，因为我们的农业依附于自然。后来不讲究"天人合一"了，所以过节的那些老理儿都不说了，就剩个吃。春节大吃一顿，中间还搭配上饺子；正月十五吃元宵；立春要吃春饼、炒合菜；二月二龙抬头要吃龙须面；清明节要吃清明粿；端午节要吃粽子；中秋节要吃月饼；冬至再吃饺子……后来生活好了，什么东西都可以天天吃了，得了，节日也就不成节了。咱自己不过这些节了，外国人就开始抢了。头一个是韩国，总是跟在别人屁股后面捡剩的，现代文明捡美国，古代文明抢中国。据说端午节韩国也说是他们的，中国跟他们学的。屈原什么时候成韩国思密达了？

且不理他。中国人自己可应该想想我们该如何把自己民族的东西当成宝贝了。我自己还成，从小受的家庭教育比较古典，也没那么好的条件"西化"去。不过西不西化不是根本问题，我有的朋友自小美国长大，结果对传统比我们还认真。这就是民族自觉性的觉醒。话说回来，传统食品我还都挺爱吃的，最爱吃的，还是粽子。细想想，虽然粽子超市也能买到，却不像饺子、汤圆那般经常吃，还有念想。

我生在北方，记忆里，在端午节，家乡并无太多庆祝或者纪念的仪式，如挂艾叶、菖蒲，赛龙舟，饮雄黄酒，这些好像都是南方人的事情。我们就是包粽子，用五彩线缠些香包。我喜欢看大人包粽子，碧绿的粽叶十分养眼，配

粽子烧排骨

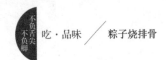

上红色的枣、白色的糯米，是我早时的色彩启蒙之一。粽叶有股说不出来的清香，煮在锅里，味道好闻极了，而吃粽子不管凉热，皆是黏糯香甜，是我童年觉得非常难得的美味。

粽子的花样虽多，但归结起来，也很简单，不过就是形状与馅料的区别。形状，有三角形，四角形，长圆锥形等，无论哪种形状，唯一的标准其实是不漏米；馅料无非咸甜之分，一切全看自己口味。我小时候吃的粽子，基本是甜的，不是红枣便是红豆，长大了才知道粽子也有咸的，而且馅料无所不包。

粽子吃得多了，便也琢磨换个花样，有一次在南京吃到粽子烧排骨，大爱。配排骨烧的粽子，一定是白粽子，什么馅料都没有。排骨也是平常红烧做法，但是汤汁要多一些。粽子要先用油仔细地煎过，表皮都略微发黄变色，成为一个硬壳。在排骨差不多熟了的时候一起在锅中炖烧，待得粽子也吸饱了排骨汁后就可以出锅了。做好的粽子烧排骨，排骨的香浓和粽子的软糯相得益彰，排骨中渗入糯米和粽叶的清香，煎过的粽子外皮又很绵韧，沾满红烧汁色泽酱润，十分诱人，绝对能为你的味蕾带来意外的惊喜。

其实，粽子烧排骨最主要的是告诉我一个道理。生活需要发现，传统需要赋予，我们不能只停留在祖先的遗产上慨叹，而是要在传统文化上留下我们填充的浓墨重彩的一笔。

台湾粽子

海菜花在海菜腔里永恒

　　洱海里有一种"环保菜"，是洱海水质的守护精灵，当洱海的水质清澈干净时，它们就像美丽的精灵，顶着白色的花冠，摆动着绿色的身体随着水波荡漾；当洱海的水质变差时，它们就慢慢消失，直至销声匿迹。它们就是——"海菜花"。

　　海菜花是中国特有的沉水植物，在广西、贵州等省的高原湖泊中都有，但是在云南最成气候，可以形成植物群落，长度可以达到三四米，蔚为壮观。云南在很早的时候就发现了海菜花的食用价值。海菜花的口感是十分黏滑的，却看起来又碧绿通透，有一种和一般蔬菜完全不同的质感，再加上清鲜灵动的味道，是大理常见但也是十分独特的鲜蔬。

　　海菜花最常见的吃法是烧汤，而烧汤时最常见的是和芋头搭配。也不用多么复杂，就是清水加上掰成小段的海菜花和切成小丁的芋头一起煮，直到海菜花软滑、芋头丁表层绵软时，加上一勺熟油，撒点盐花，就可以喝了。喝到嘴里是满满的清鲜，带着氤氲之气在周身盘旋。海菜花也可以炒来吃，素炒即可，加了肉反而夺了味，就好像明明是民间的东西非要把它学院化，有些不伦不类，不如原生态看着那么顺眼。

　　海菜花在云南不止大理洱海才有，在滇南的异龙湖里也有。异龙湖是云南省八大高原淡水湖泊之一，湖面十分广博，占地面积90多平方公里，最为出名的是满湖荷花，每当荷花盛开的季节，荷香四溢，香远益清，有"第二西湖"之称。早年的异龙湖真的是如仙境一般，如果向渔家借一叶扁舟，从空明的湖水上划过，湖山一览，如镜在心，

清风拂面，空色交征。正凝心处，却忽闻声声渔歌，惊醒时看见天边已现一抹彩霞，湖边村落隐现，炊烟已起。这紧挨着异龙湖的县城就是石屏。

石屏和异龙湖是天生相依相偎的，石屏因为异龙湖的涵养而具有了灵性，而异龙湖的得名却又来源于石屏。异龙湖中有三岛，唐朝时，乌麽蛮（彝族的先祖部落之一）在岛上筑城，名末束城，是为石屏筑城之始。宋时岛上亦筑城。此二城四周环水，故以其岛大小，名大水城、小水城。彝语"水城"的发音叫"异椤"，明初汉人到石屏，不解彝语，误以为"异椤"是湖的名称，还把"椤"音附会为汉人喜欢崇拜的"龙"，于是就有了"异龙湖"。

异龙湖的污染曾经十分严重，严重到湖里的海菜花全部死亡，后来引水冲湖，海菜花才慢慢恢复了生机，但是仍然数量有限。不幸中的万幸，作为彝族宝贵的文化遗产之一的"海菜腔"也万幸地存活下来。

海菜腔是彝族传统的歌曲形式，我第一次听到的时候，简直可以用震惊来形容——真的是太好听了啊。你说它原生态，那是真的原汁原味的高原仙乐，可是又那么有技巧，高音和低音、真声和假声，在不留痕迹的转换中塑造了令人如痴如醉的完美。海菜腔之所以用海菜花来命名，是因为它像海菜花一样纯净、不容玷污，也因为它的声腔婉转流畅，像极了随波浮动的海菜花。

假如你以后有机会去石屏，除了品尝美味的海菜花外，在异龙湖畔，也可以听听那人间难得几回闻的海菜腔，我相信，就在那一瞬间，你心中的花儿也会全部开放。

投我以木瓜

《诗经·国风·卫风·木瓜》是非常著名的诗篇，它的内容很有意思："投我以木瓜，报之以琼琚。匪报也，永以为好也！投我以木桃，报之以琼瑶。匪报也，永以为好也！投我以木李，报之以琼玖。匪报也，永以为好也！"别人送给我木瓜、桃子、李子等水果，我回报给别人美玉，你送给我的东西从价格上来说绝对小于我回赠的东西，我不是不明白，我只是很看重你对我的情意啊。

这个"木瓜"是中国木瓜。中国木瓜是蔷薇科的小乔木或灌木植物，却可以长得很高大，两层楼高的木瓜树也是有的。中国木瓜比较小，一般也很酸涩。可是中国人照样有办法整治它。云南人喜欢酸辣口味，提酸很多时候靠的就是中国木瓜，当地人叫做"酸木瓜"。酸木瓜可以干什么？大理名菜木瓜鸡、木瓜鱼就是用几片干的酸木瓜，和鸡肉或者鱼肉一起炖，酸味使得肉质变得格外幼嫩，做好的菜酸香扑鼻，诱人食欲，吃下去毫无油腻之感，又能唤醒胃的活力。

酸木瓜也可以鲜着吃，切成半月形的薄片直接蘸白糖来吃，是孕妇的最爱，看到之后基本走不动路，一定要吃十几片才甘心。如果把酸木瓜切成小丁，可以加上当地人十分喜欢的单山蘸水和腐乳汁拌和成非常爽口的凉菜。神奇的酸木瓜还可以泡酒，这造就了大理赫赫有名的木瓜酒。木瓜酒对于治疗风湿是很有作用的，最主要的是味道也很好，不过往往后劲比较大。

与中国木瓜相对应的是"番木瓜"。来自国外的木瓜果实个头比较大，可以是中国木瓜的两三倍大。大约是在明朝后期才来到中国。番木瓜的味道香甜绵软，最主要的是木瓜酵素的含量高于中国木瓜，而木瓜酵素有一个很强的作用就是调整女性的内分泌，从而起到丰胸和美白肌肤的作用。所以民间流传的"吃木瓜美容丰胸"的食疗偏方还是有作用的。

木瓜鸡

木瓜雪蛤

青木瓜丝

番木瓜可以直接作水果食用，也可以入菜。最常见的是以横剖一半的番木瓜为盛器，里面可以是蒸好的雪蛤、银耳或者燕窝。雪蛤是长白山特产雌性林蛙的输卵管，在中医学方面来说，雪蛤和银耳、燕窝都是滋阴的，配合番木瓜尤其是番木瓜里的夏威夷木瓜，果香浓郁，性味相合，确实是很好的食疗补品。

这些菜使用的都是成熟的番木瓜，内瓤已经是金红色。番木瓜没有成熟时，是青绿色的，所以叫做"青木瓜"。青木瓜也可以食用，泰国菜里热菜最有名的估计是冬阴功汤，而凉菜里最有名的估计就是青木瓜沙拉了。这道菜也容易做，将青木瓜擦成丝，加入辣椒、西番莲、大蒜、鱼露、盐等作料，挤入青柠檬汁，再撒上花生碎和海米。但正宗的泰国做法是"舂"，把除了青木瓜丝以外的东西都在石臼里捣烂成为调味汁，直接拌入青木瓜丝，放置一会入味，就可以吃了。泰国地处亚热带，暑湿严重，人们很容易烦闷且容易没有胃口，这时候吃一份青木瓜沙拉，在清甜、微辣、酸爽之中，又伴着花生的香、鱼露的鲜，绝对能叫醒你的舌尖，让你在奇特的感觉中活力四射。

如果去泰国旅游，感觉燥热难当，就来一份青木瓜沙拉吧，看到路边的小吃摊，走过去说一句"萨瓦迪卡，宋丹（Somdam）"就可以啦。

最好的味道在最家常的食材里

我的职业是培训师，一直是在酒店或者餐饮业里面打转。年轻的时候，我做 PPT 教案，如果编制一堂课的教案需要 5 个小时，可能 4 个小时都是在挑选 PPT 的模板，那些背景、颜色、图片非要别出心裁，我才会满意。等到阅历越来越丰富，我发现自己变了，做 PPT 恨不得就用一张大白底板，写的字也越来越少，往往一张 PPT 上就几个字。这倒和我的美食品味很像——年轻时总觉得菜品是食材越高档的越好，神户六级以上的和牛、南非四头以上的干鲍、伊比利亚吃橡树籽长大的黑毛猪的火腿、中国野生的小黄鱼、加拿大的象拔蚌……现在也不是说食材高档就不好，而是把食材的因素放了后面，更在乎美食本身的制作功力和用心程度。一碗认真制作、味道可口的奥灶面比一碗拼凑着鲍参翅肚而做得乱七八糟的佛跳墙强太多了。

我坚定地认为，最好的味道在最家常的食材里，因为你要天天和它打交道，它的脾气秉性、怎么做它才最好吃，我们最清楚。在清楚的基础上配合一定的技法，不要最复杂，而要最适合，这样做出的菜品，那味道一定是最棒的。比如，把最家常的鸡蛋做成滑蛋。

滑蛋是粤菜的叫法，这个字用的如此精妙，堪称可比"推敲"这个词来源典故中对文字运用的精准程度。炒鸡蛋要炒到"滑"的水平，一下子把质感描摹得绘声绘色。这样的蛋一定是极嫩的，而又十分松软，且带着鸡蛋特有的腥转化成的香，从口腔滑进胃里，却爆发最大的满足感，这就是水平。滑蛋要做到这个

滑蛋虾仁

程度，不是那么容易的，有几个基本的要点：首先是鸡蛋打散过程中不能直接加盐，因为放盐一起打的话，鸡蛋就会起泡，就不够滑嫩。或者为了鸡蛋能有一个底味，可以把盐用水调开，加入一点生粉，然后把这个生粉水加到鸡蛋里去。第二是炒的时候，一定要热锅冷油，这样下入蛋液后不会粘锅，也不会让鸡蛋发硬。三是蛋液倒入锅中后，静等一会，然后要及时推开底层已经煎成形的鸡蛋，注意这个动作——不是滑散，是轻轻地"推"。尽量保持鸡蛋是刚刚凝固就推开，然后继续把底层刚熟的推开。最后一点，看到基本熟了就可以关火，用余热焐到全熟，这样蛋的质感刚刚好。

如果仅仅是滑蛋，吃久了也会腻，所以，滑蛋最后变成了一个系列菜品。常见的是滑蛋牛柳和滑蛋虾仁。牛柳就是牛里脊，牛肉的好处是，虽然热量和猪肉差不多，但它里面的元素是促进肌肉生长的，所以你看爱吃牛肉的民族先天的体质和身材要健壮得多。牛柳片也要追求嫩，这和滑蛋是很般配的，但是两种嫩又有不同的重点，牛肉的嫩的存在感比松软的鸡蛋还是强烈很多。从色彩来看，一个是红色系的，一个是黄色系的，喜庆而讨巧的色彩搭配。

如果用虾仁，虾仁也是嫩的，可是又带有一定的弹性，做好后，虾仁带着粉色，和金黄的鸡蛋一对比，自然小清新，撒点碧绿的葱花，恰如春天鹅黄的迎春花带来温暖的消息。

胶东四大拌

山东是鲁菜的故乡，在鲁菜之中别有风味的就是胶东菜。胶东为半岛，三面环海，小海鲜种类非常丰富，而我尤其喜欢其中的"四大拌"。

胶东四大拌，最为常见和经典的是温拌海参、温拌海螺、温拌海蜇、温拌海肠。先不管主料，都有同样一个词——"温拌"。温拌是凉菜烹饪技法里很特殊的一种，是把原料汆烫熟，趁着温热即要拌入调料，也是趁着温热就要食用，才能品尝出温拌的好来。为什么要温拌？一般使用温拌技法的菜品原料都是加热放凉后会散发腥臊气的，聪明的中国厨师们就发明了温拌的技法。

先说海参。海参挺有意思的，在中国，比较看中它的保健养生功效，海参可以大补益气，功同人参，又生长在海洋之中，故名"海参"。而西方人虽然精确的验证出海参胆固醇为零，而且确实有很多对人体有益的微量元素，可是他们仍然不能接受海参丑陋怪异的外表，不仅不吃海参，而且看到海参表面小的肉刺突起，有点像黄瓜，给海参起了个比较形象但是跌份的名字——"海黄瓜"。温拌的海参，肯定就是鲜的辽参了，切成小段，口感不像干参发制后那么黏糯，而是带着脆嫩，有着温热刺激葱姜和酱油散发的温和香气。

还有海螺。海螺其实种类很多，但对于我这个山西人来说不太认得，对海螺的第一印象其实是小时候家人告诉我用空的螺壳罩在耳朵上面，听到类似潮汐回旋冲刷的声音，说那就是海的声音。后来我信奉了藏传佛教，其实学佛法是假的，倒是对藏文化很感兴趣，发现藏传佛教的八宝之一就是美丽的白海螺。藏传佛教尤其崇拜世间稀少的右旋海螺（螺口的旋转方向为顺时针），用它代表佛法在世间的妙音。我却爱吃海螺肉，

确实有点焚琴煮鹤啊。温拌海螺口感脆嫩细腻，咸鲜适口，带着海螺肉特有的鲜甜，既是非常不错的下酒菜，又老少皆宜，怪不得被称为"盘中明珠"。

神奇的还有海蜇。在宁波，我曾听当地的老人讲过一段关于海蜇的海上传奇。说有一年海上有大风暴，风暴过后，大家看到海面上逐渐浮起大大小小的海蜇，大的直径有一两米。人们都为这大海的恩赐感到高兴，捕捞得不亦乐乎。突然海水一阵翻滚，又出现了一只大海蜇，直径有六七米，大家都惊呆了，老人们都惊呼"海蜇王"。海蜇王带着剩下的大大小小的海蜇开始向远方游去，有不知厉害的渔家试图把海蜇王捕获，海蜇王射出几根毒刺，被射中的渔家浑身肿胀，不久就死去了。这段传奇给我留下了很深的印象，尤其是我从那十分难懂的宁波普通话中拼凑出这个故事，已经头晕脑胀。但这丝毫不影响我对海蜇的热爱，因为它实在是太好吃了。当海蜇变成一盘菜后，海蜇的身体部分称之为海蜇皮，而它的触须称之为蜇头，蜇头的味道和质感更佳。温拌海蜇一般用的都是蜇头，调味料除了酱油、醋、盐之外，最重要的是中国黄芥末。中国黄芥末一定要用开水拌，还要再在一定的温度下捂几个小时，这样黄芥末才够冲、够劲。拌好的海蜇，脆韧爽口，芥末味道浓郁，开胃而过瘾。

不能忘的是海肠。百度上说海肠就是沙虫，其实是两回事。海肠是胶东海域的特产。据古书中记载，人类很早就已经开始食用海肠子，据说生活在海边的渔民，常把海肠子晒干，磨成粉末，做菜的时候就放点进去，会使菜肴更加鲜美，这可比今天的味精安全和美味多了。温拌海肠突出的是海肠的鲜、脆、嫩，葱香和蒜香交织，在口腔里萦绕不绝。海肠除了是一道美味，还具有温补肝肾、壮阳固精的作用，特别受男士的青睐。

炝拌洱海螺

火腿配响螺片

陷入螺网

李韬从来不吃螺，吃螺就吃洱海螺。

我不怎么吃淡水螺肉，因为从小受的教育让我认为淡水的东西比较脏，尤其是螺蛳，细菌很难被完全杀死。所以有一次我的朋友用淡水产的生三文鱼招待我，简直吓坏了，立刻觉得我面前是比鸿门宴还鸿门宴的血腥。

后来又出了福寿螺事件。福寿螺是一个入侵物种，对湿地的破坏作用巨大，而且体内藏污纳垢，如果不是长时间的高温烹煮，人食用后非常容易引发各种寄生虫病。这样一来我对淡水螺的印象更不好了。

后来在大理居住，古城里有几个我很喜欢的小馆子，苍洱春是其中之一。苍洱春的老板，开始是一位非常和善的大妈，吃饭期间我们就常闲聊。她见我总点那几样菜，便好心地推荐我尝试一些新菜，尤其是他们家的炝拌螺肉。我说了对淡水螺的顾虑，大妈说，我们用的是洱海螺，可不是福寿螺，洱海螺没问题，因为吃了好几百年了。

大妈倒还真不是说笑，后来有一次我去海舌（从喜洲的海岸上伸向洱海中的一个窄长的半岛，大理人把它想象成洱海的舌头）游玩，看到当地的传统房屋，墙壁的泥土里混有很多清晰可见的螺壳，那是因为螺壳的主要成分是石灰质，将螺蛳壳拌入泥土中筑墙，可以增加泥土的黏合性，达到通风和坚固的效果。凡是掺入了螺蛳壳夯筑而成的土墙，都不会开裂。这是延续百年的方法，可见大理人对洱海螺的利用由来已久，何况是食用。开始对洱海螺感兴趣以后，也翻查了一些资料，才知道洱海螺和福寿螺的区别是很大的。洱海螺是胎生，生下的是一粒粒的小螺蛳，福寿螺是卵生，撒下的是几万粒的粉红色的籽；福寿螺个头巨大，洱海螺的个头不过是它的二分之一。

用洱海螺做菜，味道都很棒。当然，首推的还真的是苍洱春的炝拌螺肉。炝螺肉真的是个神级菜啊，里面有螺肉、花生碎、辣椒，浇上热油，画龙点睛的是上面的几片薄荷，夹在一起吃是绝对美味的大理味道。这道菜也许来自清代大理的螺蛳吃法，在清代檀萃著的《滇海虞衡志》中曾经记载："滇嗜螺蛳已数百年矣……以姜米、秋油调、争食之立尽，早晚皆然"。

除了炝拌，大理传统的吃法还有酱爆螺蛳和韭菜炒螺黄。酱爆螺蛳是把大理人喜欢的菜籽油加热，油温九成时，用三五片生姜炝锅，下入螺蛳肉爆炒至铲上粘满指甲大小的"螺蛳盖"时，再喷入黄酒，去腥味，等翻炒几遍后倒入酱油，加少许糖和适量清水，煮透，撒上葱段就可出锅。出锅后螺蛳壳上油润酱浓，黑亮诱人，啜入口中，汁水丰沛，咸鲜味美。

还有大理炒螺黄，这才是天下珍馐。据民国年间的云南省志《新纂云南通志·物产考》记载："田螺……又剔其尾之黄，滇名螺黄。可入汤馔，味美。"现在的大理炒螺黄，是取洱海螺的尾黄，同云腿的薄片同时爆炒，再下入新鲜的韭菜提鲜增香，三种食材皆有自己的风格特色，那种充满层次感的鲜美真的是无法言表。

我这个不吃淡水螺的人，却被洱海螺的味道俘虏，从此深陷螺网，也算为了美食而改变口味，有些"大嘴吃八方"的感觉了。

破布子，古早味

　　昭英告诉我"破布子"这种树"古早"就有了。很容易长，贫瘠干旱的山坡地上都能长。以前的做食人就在田边随手种几棵。它结一种淡金黄色的浆果，也叫"破布子"。不到指尖大小，果皮包着一层薄薄的浆水，算是果肉，剩下的就是它的籽了。虽然果肉少，吃起来觉得费事，但是它有着"老台湾"的痕迹和故事。农家人大大小小平日各有分内的工作。大人上山的上山，下地的下地。小孩就帮忙看牛，卖番薯。只有暴风天或者下雨天不能下田的时候，一家大小才能聚在屋子里。这时候，勤快的农家爸爸就去砍一些破布子枝子回来，全家人一起做破布子酱。小孩把破布子一个一个从树干上摘下来。农家妈妈就烧好水，煮破布子。屋外哗哗下着大雨，一家大小在屋子里忙碌地工作，这是以前的台湾农家人心窝甜蜜的记忆之一。

　　"破布子"闽南语早先就叫"破子"，又叫"树子"。这么简单不计名分，好像是一棵树自报姓名，说："各位，我是一棵树。我的名字就叫'树'。"仅此而已。

　　这是台湾作家明凤英的文章《破布子的夏天》里的一段话。当我读到这段话的时候，我手里正拿着金姐从台湾带来的一罐产自嘉义的树子端详。金姐是我们原来做物流系统时候认识的台湾专家，对人是慈爱的，也很开朗搞笑。经常和我说："我知道100种减肥的方法，可是效果，你看看我的身材就知道了"，然后我们两个胖子都笑得前仰后合。

其实以前我也吃过用破布子做的菜，在一家叫做"欣叶"的台湾餐厅。当时是一道破布子蒸鱼，我一下子就喜欢上了它的味道。

我喜欢吃破布子，原因有二：一是喜欢它那说不出来的滋味，尤其是带汁的破布子，要么用了姜、糖来煮，要么用淡酱油来煮，微酸之中带着酱油等特有的鲜甜，回味都甚佳；二是我的体质特别容易累积"热毒"，夏季尤甚，而破布子，是解火圣品，也可以化痰。

破布子直接吃也好，做菜也很方便容易。最简单的是用来蒸鱼。我去超市选了一条已经开膛破肚弄好的武昌鱼，扁而薄，刭了刀，用水反复浸泡几遍，去了体内剩余的血水，再用面纸吸干鱼身水分。用破布子的原汁浸泡鱼肉两小时，然后把鱼膛里塞满破布子粒，上锅蒸十几分钟，鱼眼突出发白即成。想想我们的先祖，大概也是如此整治食品，既是一种搭配，又能保留食材本身的味道。所以台湾才会把保留下来的传统味道称为"古早味"，也是很形象的说法呢。

和破布子有关的料理其实品种很多，而且可以跨界。破布子可以炒鸡蛋，可以蒸豆腐，也可以炒苦瓜等青菜，居然还可以和豆沙拌在一起蒸豆包！这百无禁忌的食材，也许正是暗合了我们的先人们包容而恬淡的内心世界，才会在不同的食物系列里如此的游刃有余。我已经和金姐失掉联系很久了，听说她现在依然衣食无忧，正在圣严法师的道场里做义工，平静而安乐。

嗯，这样，真好。

破布子蒸肉饼

破布子蒸蓝斑

鼠曲草花头

跨越海峡的鼠曲粿

　　有几年，我的一个台湾朋友爱丽丝（Alice）在北京工作。

　　她是欣叶餐厅的营销总监，而欣叶是台湾地区很有名的一家餐厅，以纯正的台湾菜品而被广为称赞。有一年的端午节，爱丽丝约我们几个朋友聚会，吃了几道欣叶的代表菜品，然后送我们一人一份伴手礼，是台湾粽子。我打开一看，不由笑了，因为我看到了一个鼠曲草粽子，这绝对是对台湾传统美食的再创造。这种创造并不是不好，事实上，所谓的台湾味道，恰恰是这种基于对传统的缅怀又能因地制宜的一种突破。

　　为什么这么说？我们熟知的台湾牛肉面就是个很好的例子。当年来到台湾的四川籍老兵，怀念四川的风味，可是台湾又没有四川那些特有的调味料，比如二荆条辣椒、汉源花椒、郫县豆瓣酱等，所以只好利用台湾的本土食材，做成牛肉面，开始还叫做四川牛肉面，其实在四川根本没这个小吃。结果，大家一吃，味道也不错，慢慢就变成台湾牛肉面了。这种情愫不仅在台湾，中国人在世界各地都创造了中餐的衍生体系，比如另外一种我很喜欢的菜系"娘惹菜"也是中国华侨在马来西亚的创造。

鼠曲草粽子应该是从我喜欢的鼠曲粿演变出来的。

鼠曲粿的根子在潮汕。每年临近元宵，潮汕地区都会做鼠曲粿，现在倒是有了盒装的鼠曲粿作为特产礼品，这点和台湾是一样的。

鼠曲粿的名字比较奇怪，其实很好理解，它的皮中必须用到鼠曲草。鼠曲草也叫佛耳草，叶片和茎的表面与内里都有白色的绒棉，而黄色的密集的小花球下也能抽出白色的绒来，所以有的书上说鼠曲草就是白头翁。我不是学植物学的，但是我想这大概是不对的。因为鼠曲草是菊科的植物，而白头翁是毛茛科的。作为菊科植物，鼠曲草的功效是下火，尤其在应对积食方面是很有作用的。鼠曲草不仅仅在潮汕地区用来做鼠曲粿，在江浙地区也有用它来做青团的。青团是清明时节的应季食品，是把鼠曲草的汁和在糯米粉中做皮，包上豆沙馅或咸的肉馅做成团子，蒸熟食用。当然，青团也可以用艾草汁或麦青汁制作，一样的油绿可爱。

鼠曲粿的颜色是墨绿色的，还带有星星点点的鼠曲草的纤维。因为做鼠曲粿不是用鼠曲草的汁，而是采用一种很有潮汕风格的做法。用传统的方法制作鼠曲粿是很费精力的。先把鼠曲草采回来，用水煮开，然后泡在干净的冷水里，每天换一遍水，至少三天。三天后把鼠曲草捞出，放在石臼里舂碎，就可以加上油在锅里炒了。炒熟后还要加上红糖再炒，直到鼠

鼠曲草粽子

曲草成为黑绿色的一团，与油和糖完全融合，才可以把它加入糯米粉团中，一起揉匀，成为鼠曲粿的皮。馅料传统上是绿豆沙或者红豆沙，咸的肉馅什么的也可以。用皮包好馅料，嵌入木头做成的饼模子里，轻轻压平塞满饼模子，模子里刻好的花纹就会印在鼠曲粿表面，然后翻转饼模子，轻轻一磕，鼠曲粿就和饼模子分开，然后就可以蒸制了。鼠曲粿一般是圆形的，也有寿桃型的。花纹一般是篆体寿字纹样或者其他的吉祥纹饰。

　　蒸制鼠曲粿，必须垫着芭蕉叶，不知道为什么，反正一直是这样做的，倒是让鼠曲粿更加清香。蒸好的鼠曲粿，色泽墨绿乌润，香气清雅扑鼻，豆沙绵糯，肉馅也毫不油腻，我每次都可以吃好几个，还是觉得不满足。

　　鼠曲粿这样的小吃为什么美味？因为在准备和制作的过程里充满了情意。其实中国的古人一点也不刻板，他们反而是很浪漫的，充满了坚定的情感。如果他们彼此思念，就会翻过几座山，跨过几条河，去牵对方的手。鼠曲粿也是这样吧，跨过海峡，成为两岸中国人共同的思念。

酸汤鱼和波波糖

　　贵州其实不乏美食，比如黄粑、丝娃娃、红油米豆腐、八宝甲鱼、竹笋炖羊肉、乌江豆腐鱼等，要小吃有小吃，要大菜有大菜。然而，名

声在外、饭馆开得也比较成功的是贵州酸汤鱼。

酸汤鱼，酸汤鱼，首先要有酸汤。先说说贵州人为什么喜吃酸。中国的饮食口味特征大体上可以描述为："南甜北咸，东辣西酸"。这其中的"南"，大体指中国长江以南地区，例如江、浙、沪等地，在饮食习惯上比较偏爱甜，像上海不论做什么菜出锅前一律撒把糖。"北"大体上指中国长江以北的地区，例如山东、河北、东北等地，你看山东的虾酱什么的，真的可以咸得齁死人。"东"大体上指河南、山西和巴蜀之地，不止四川人能吃辣的，河南人爱吃胡椒粉提出的辣，山西的灯笼红辣椒是出口的。这个"西"大概说的就是云南、贵州、广西等地。他们爱吃的酸和山西人吃的酸不同，不是来源于醋而是来源于酸性蔬果或者发酵。山西人吃醋的目的主要是为了软化食物和饮用水中较硬的矿物质，云贵等地食酸的目的主要是为了应对气候对人体的伤害。尤其贵州地区气候潮湿，多烟瘴，流行腹泻、痢疾等疾病，嗜酸不但可以提高食欲，还可以帮助消化和止泻。故而贵州有"三天不吃酸、走路打蹿蹿"的俗语。

酸汤鱼的酸汤产生的根源也是如此，但是酸汤的制作就颇有讲究了。这贵州酸汤主要分成三大类，一类是肉类发酵沤制成的酸，比如鱼酸、虾酸、肉酸；一类是蔬菜豆腐制成的酸，比如豆腐酸、毛辣果酸；一类是面汤、米汤发酵制成的酸，有点像陕西的浆水。

这其中最著名的就是毛辣果酸。毛辣果在贵州常常被写成"毛辣角"，但是"角"发"果"的音。毛辣果就是野生小番茄，形状近似于圆球形，不像圣女果是长橄榄形。毛辣果酸汤的制作过程实际上就是毛辣果的发酵过程。通常是把新鲜野生毛辣角洗净，放入泡菜坛中，再加入仔姜、大蒜、红辣椒、盐等调味料，还要放入糯米粉，这样发酵的才好。为了避免发酵受到其他细菌的影响，导致口味腐坏，还要加入白酒，之后要至少发酵 15 天，才能取用。使用时要把发酵的毛辣果剁碎，再和其他调料一起熬煮。做好的酸汤色泽红艳，酸味醇厚，但是有浓郁的发酵味道。

为了减轻这种发酵的臭味，正宗的毛辣果酸汤鱼里要加一种别处少见的香料——木姜子。木姜子也叫山胡椒，口感清凉、微辛，是很好的香料，又有开胃健脾的功效。可以放在酸汤里一起熬煮，也可以和烤辣椒碎等一起放在碗里，用滚沸的酸汤一浇，制成蘸水。有了好的酸汤，加上豆芽、豆腐、香蒜、香菜、酸菜等辅料，再加一条鲜活的好鱼，做酸汤鱼的原料就备齐了。用这样的酸汤做出的酸汤鱼，肉质格外细嫩，汤头味道并不会特别的酸，而是有一种奇异的酸香，让你的味觉格外的灵敏起来。

贵州酸汤鱼以当地的苗族同胞做得最好，味道最为浓郁。但是对于游客来说，酸的吃多了，总想调剂一下口味。苗族同胞们还有一种小吃，味道就甜得多了，那就是——波波糖。

波波糖是用糯米加工的饴糖和去皮炒熟的芝麻粉、豆粉做成的。做好的波波糖是球形的，但是层层起酥，色泽微黄，味道不会过分甜腻，是香甜酥脆的感觉，尤其是吃完酸汤鱼后，来几个波波糖，真的是很爽的一件事。波波糖因为是以饴糖为原料的，又有芝麻和黄豆辅助，故而营养丰富，而饴糖经过麦芽酶的作用可变为葡萄糖，直接进入血液，有润肺、止咳、化痰和助消化的作用。

波波糖为什么叫这个名字呢？这是因为它以前是苗族王宫中的宫廷小点，看着简单，实际上要经过发、榨、熬、扯、起酥等十几道工序，做好后一个个洁白的酥糖就像春风拂荡的层层波澜，故名为波波糖。

酸汤鱼的酸，波波糖的甜，大美贵州，就在这对比的味道中。

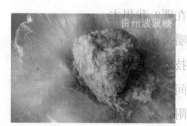
贵州波波糖

贵州波波糖

酸汤鱼

海中乌金

　　康熙年间成书的《诸罗县志》是中国台湾地区第一本正规的县志，分成很多的篇章，其中关于物产，有"乌金"一项。这个乌金，实乃今天的台湾乌鱼子是也。

　　乌鱼的学名是"鲻"，俗叫乌鲻、乌头。乌鱼是海水鱼，也可以在淡水中生存，本来是很常见的鱼种，正是因为母鱼的卵可以制成乌鱼子，就变得很名贵了。乌鱼子、乌鱼子，乌鱼的卵子也。

　　好的乌鱼子价格不菲，但我觉得乌鱼子的金贵，更在于它的美味。这等美味得来也不是很容易的：首先要看大海的恩赐。通过人工养殖一样可以得到肥大的乌鱼子，甚至香气上还要更浓郁一些，可是老食客总会觉得它比野生乌鱼的乌鱼子要逊色一些。差别在哪？我想主要是质感。野生乌鱼子要更为弹、软、耐嚼，还别有一种海洋之气。接下来，要看乌鱼子的加工技术。其实技术也还是其次，要看看舍不舍得花那个时间。用传统方法制作乌鱼子时，要先把鱼卵漂清，除去附带物，再细细地挤去血水，但不能破坏鱼卵的形状；之后要用盐渍5小时左右，然后再用清水浸泡，脱去部分盐分，又需要几个小时；然后把乌鱼子放在木板下压去水分（要掌握好度），把它压为扁平形；再取出整形、整理，用麻绳扎好，挂起来日晒晾干，均匀接受阳光，脱去水分，这又需要几个小时，制作乌鱼子才算大功告成。现在也有用机器快速烘干的，那味道自然差了很多。成品后的乌鱼子呈琥珀色，晶莹剔透、丰美坚实而软硬适度。最后，还要找到一个会烹制乌鱼子的人。烹制乌鱼子倒也不难，最好的方法是用酒来烧灼。讲究的要用台湾金门高粱酒，先把乌鱼子除去表膜，然后用酒浸泡几分钟，夹起乌鱼子，直接点燃白酒进行烧灼。烧灼的程度要凭经验，烧灼过度，乌鱼子就失去黏性，乌鱼子在嘴里就变得粒粒分明，不够有嚼劲；烧灼得不够，乌鱼子又不够绵韧弹。唯有恰好，乌鱼子才会口感上佳，还带有浓郁的酒香。

吃乌鱼子，也不能空口，那样既咸也容易觉得苦腻。最好的是夹着新鲜的蒜片或者白萝卜片一起吃，不仅质感上是个对比，而且味道更加突出。年轻人们也有用梨片或者苹果片配合着一起吃的，味道也不错，有点哈密瓜配伊比利亚火腿生吃的感觉。

乌鱼子因为特色明显，在台湾是很好的馈赠礼品。不过必须送成对的，用盒子认真地盛装起来，送出去一片情意。

洋芋部落

　　洋芋，是我在云南听到的叫法，其实一看，就是我们山西的山药蛋。我是山西人，定居在云南，这两个省份都和这种蔬菜有着不解之缘，山西更是有一个文学流派叫做"山药蛋派"。其实洋芋也不土，它的学名叫做马铃薯，有个通俗的名字叫"土豆"，可以做很西式的快餐炸薯条，也可以做最乡土的中国美味，比如腌菜炒洋芋、山西大烩菜、锣锅饭和马拉冈朵。

　　先说腌菜炒洋芋。这是我在云南最爱吃的菜式之一，虽然主料也是洋芋，但画龙点睛的却是腌菜。云南有个很有意思的现象，就是有的称呼往往在北方代表的是一个类别，而在云南却代表着一种东西。比如，北方的青菜，一定是指绿叶菜，可以是菠菜，可以是白菜，可以是油菜等，而在云南，却有一种蔬菜叫作青菜，因为味道带点轻微的苦，也叫"苦菜"；再比如腌菜，北方的腌菜，可以是腌大蒜，可以是腌萝卜，还可以是腌雪里蕻。可是在云南，腌菜就是苦菜加上作料和盐腌了，因为是乳酸菌发酵，还有点淡淡的酸，所以也叫"酸腌菜"。酸腌菜这个东西，昆明人说昆明的最好；大理人说大理的最好；弥渡人说弥渡的最好，总而言之，酸腌菜是云南人不可缺少的东西。而任何美味，比如炒肉时放点酸腌菜，立刻鲜爽增香；煮饵丝米线，放点酸腌菜一拌，立刻有了亮点；当然，炒洋芋的时候放点，那味道也是美好的不得了。

　　而我们山西，最常见的洋芋吃法，除了炒土豆丝外，就是大烩菜了。大烩，就是什么都可以烩，当然，你可以让它成为豪华版的，也可以是精编版的，但是，至少里面要有土豆、粉条、海带和猪肉。为什么又叫山西大烩菜呢？一是一定要用五香粉，二是做好了，要加山西的醋，醋

凉拌洋芋条

烤洋芋

炒洋芋

洋芋焖饭

和土豆的淀粉一结合，那种扑鼻的酸香，不是让你分泌唾液那么简单，而是勾着你的心，让你恨不得扑上去把它们尽快送进你的胃。

锣锅饭里也少不了洋芋，虽然这次饭变成了主角，而洋芋只不过以"丁"的形式来进行点缀。锣锅大概是赶马人不能少的用具，用黄铜制造，形制似锣。锣锅饭要把米煮到六七分熟，然后另用锅加油炒土豆丁、火腿丁、豌豆仁，然后再和米饭一起焖至软烂香熟，锅盖一开，雾气蒸腾，香味四溢。等一会，锅底起了锅巴，更是另外一重美味。我生平认为最好吃的一次，是在腾冲北海吃的锣锅饭。名字叫"海"，其实是一块广袤的湿地。湿地是"地球之肺"，也是为数不多的动植物的乐土。那次去，北海正盛开紫色的鸢尾，当地人叫作"北海兰"。北海兰是紫色的精灵，它不像熏衣草那么细小艳丽，是大朵的高贵。我的朋友、腾冲著名的花鸟画家贺秀明女士曾经画过很大的一幅北海兰，满布画纸的紫色，却不张扬，只是神秘的气息静静地蔓延。

而说到马拉冈朵，一看就是音译的名字，是拉萨著名的黄房子——玛吉阿米餐厅的招牌菜之一，也是我喜欢的洋芋美食。藏区有名的土豆是白玛土豆。"白玛"在藏语里带有佛教的神秘意味，很多时候用来指圣洁的莲花。一个土豆用白玛来命名，起码说明这个土豆品质是上好的。白玛土豆淀粉含量多，入口绵密，清香回味。马拉冈朵是把用白玛土豆制成的泥做成块状，外边煎炸出一个硬壳，色泽金黄，从中间划开一刀，里

马拉冈朵

洋芋箩锅饭

面却是乳白色并且软嫩发糯，然后配以特制的咖喱辣酱来吃。马拉冈朵常常让我不顾热量大增，埋头猛吃，不忍放下筷子。

洋芋，也许是这个世界上最常见的蔬菜，最容易保存也最低廉，甚至显得卑微，但却是美食世界里永远不可或缺的那一个。

洱海银鱼，情思如练

一提到大理，知道的人立刻心中水风清净，心向往之。

大理是传说中神奇的双鹤开拓的疆土，是历史上文化灿烂的南诏故国，是金庸笔下拥有无量玉璧、茫茫点苍、天龙禅寺和一阳指的神奇国度，是今天无数游人心中的风花雪月。然而我知道，大理的美和灵气都在于那一方碧水——轻灵广博的洱海。

洱海是大理真正的母亲河啊，其实不仅是大理，洱海甚至是整个云

南的灵魂。相传汉武帝夜梦七彩云朵，以为吉兆，派使臣追寻而去。一直追到今天的大理祥云县，被洱海所阻挡，只好无奈而返，遂将彩云之南命名为"云南"。今天的洱海，是白族人心目中如同眼睛般宝贵的东西，虽然洱海的水产丰富，但是每年都会有大概7个月的休渔期，以便让这无穷的宝库休养生息。

到了每年的七八月份，一般都会根据当年的具体情况，举行盛大的"开海节"，开海节后渔民们就可以进入洱海捕鱼，享受丰收的果实。

开海仪式是在双廊红山半岛的景帝祠举行的。传说中的景帝是三个人，又是一条绿色的大蛇，不管他是什么，他都是洱海的守护神。先说三个人的景帝。这三个人是红山景帝祠本主庙所供奉的本主王盛、王乐、王乐宽祖孙三代。王氏家族是唐朝六诏时东洱河蛮酋，全力支持南诏王统一了六诏，成为大功臣。大本主王盛、小本主王乐宽因英勇善战，被南诏王封为大将军，王盛之子、王乐宽之父王乐亦官至清平官。特别是在后来的天宝战争中，王氏一门为守卫大理立下了赫赫战功。他们死后，被敕封为"赤男灵昭威光景帝"，被当地人敬为本主，历代祭祀至今。而本主怎么又会变成一条大蛇呢？在白族民间神话传说中，红山本主为

保疆卫民而殉难，死后其身化为一条绿蛇，蛇头上有一"王"字，经常显灵，保护百姓，尤保船只行驶安全，故而成为洱海的守护之神。

开海节当天，需要举行盛大的仪式来祭祀红山本主。在祷告之后，会有德高望重的白族长者带领大家献上祭品，诵念祭文，然后焚表上苍，以求得一年的风调雨顺和鱼虾满仓。渔船则挂起白帆，纷纷下水。打鱼方式多种多样，有的是张开整个渔罩，有的是赶下一船鱼鹰，还有的是向水中撒下丝网，捕鱼活动热火朝天。而本主也不闲着，他的塑像被人们抬上大船，在海里乐呵呵的巡查，旁边有美妙的白族大本曲和白族舞蹈相伴。

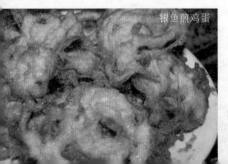

银鱼煎鸡蛋

开海节当天一般都能捕捞到十几斤重的大鱼，我自己最爱吃的却是细如竹筷、体长寸许的洱海银鱼。洱海的银鱼是最性感、最纯净的小鱼啦。我见过太湖的银鱼，也是略微发白的，虽然也很漂亮，但是还是要略逊一筹，因为洱海的银鱼是完全透明的，除了两只小小的黑眼睛，通体都仿佛是用最好的玻璃种翡翠雕琢而成，又充满灵性。

银鱼是很好吃的，现在基本的做法就是银鱼蛋饼。把鸡蛋液和银鱼拌和均匀，下入油锅，慢慢煎成一张嵌满银鱼的蛋饼，吃起来既有银鱼的鲜美，又有鸡蛋淡淡的腥香。而在以前，白族人吃银鱼都是凉拌的。也不用滚水去焯，就是刚捕获的银鱼，蘸着用大蒜和烤过的干红辣椒打成粉末做成的香辣蘸水，就可以吃了。那是一种未经打扰的纯粹，也是一种无法言喻的鲜美。

其实，洱海中最好吃的还不是银鱼，是弓鱼。弓鱼就像一张银色的弯弓，虽然看不到鳞，可实际上它有一层细细的银鳞，做好后完全融化成一整张包裹鱼体的胶原蛋白膜，吃到嘴里，那种鲜香和滑美是一辈子都难忘的。可惜，弓鱼我只吃到过一次，而现在，洱海里真正的弓鱼已经消失，这种美味将永远只存在于我深深的记忆中。

花饭：一花一世界

很多人爱花，不过人人看花各不同。

我看花，看到它柔弱之下的生命世界。每一朵花最初都是一颗小小的信念的种子，因缘得聚，才能长出幼小的善念的幼芽。在这个过程中，它要面临很多困难：也许小鸟飞来了，把它吞进肚子里当成了食物；也许土地太过肥沃，欲念的火焰反而将它烧死；抑或土地又太过贫瘠了，没有后续的信心让它顶破种子的硬壳。

经过重重磨难和自己的努力，这粒种子长大了。它伸展着细长的茎干，招展每一片绿叶，渴望得到阳光温暖的照耀、雨露精心的滋润。慢慢地，它积聚了一生的力量，把为世界增添色彩的心愿凝聚成一个个花苞。终于，它开放了，成为献佛的供物，成为菩萨说法时从天而下的花雨，成为阿弥陀佛净土里的一抹光华；又或者，还是默默地在人间的土地上孤独的盛放。那又有什么关系呢？花朵的花瓣是娇弱的，可是在严寒里、在沙漠中、在河流里、在骄阳下，哪里没有一朵花呢？无论色彩是不是艳丽、香味是不是馥郁，花瓣上都是法的光芒啊。每朵花都是一个大千世界，每朵花都是一朵正信的菩提。

等到花儿开败了，它默默地随着突如其来的大风抑或早晨悄悄降临的晨露走完了这一世的轮回，在泥土里慢慢变成肥料。它并没有离开，它坚信在自己上一世躯壳的滋养下，下一世的花儿会更加美丽。

昔年灵山法会，佛祖思得一妙法，正待演说，突见迦叶尊者站起顶礼，手中拈了一朵花，脸上是灿烂的微笑。佛祖知道迦叶尊者了悟了。而我想，那微笑是因为感受到法的伟大，也许，更因为心田里的花朵已经盛放了吧？

如果心田之花难以开放，也没关系，咱们把花吃下去，"朝饮木兰之坠露兮，夕餐秋菊之落英"也是一种境界。花可以直接吃，比如云南的很多菜都是用鲜花作为食材炒菜，像芭蕉花炒鸡蛋、杜鹃花芋头汤、金雀花蛋饼等。花也可以做成主食当成花饭吃。

花饭分为两种，一种是直接把鲜花和饭一起配合着吃，比如韩国的花饭。韩国的花饭就是各种颜色的鲜花，还要配上一些草芽、芝麻，加上酱油、肉丝和米饭拌在一起吃。不过我认为这不是真正的花饭，真正的花饭一定是花的精髓深入饭中，融为一体，你中有我，我中有你。这样的花饭在中国才有。

中国的花饭是用各色植物的花朵和叶茎提炼纯天然的色素，浸泡糯米一日一夜，让干干的糯米吸收颜色，把内部也都染成晶莹的色彩，就成为了花饭。泡好的花饭还要用清水漂洗，不过不要担心，洗掉的都是浮色，然后再晒干，就可以长期保存了。花饭通常都是五种颜色以上，比如蓝、红、黄、灰、白等，这样才够五彩缤纷，看着就喜气。吃的时候上笼蒸熟，谁要吃的话，有裁的整整齐齐的芭蕉叶，放在上面一团，用手抓着吃，不仅有糯米特有的香味，还有各种鲜花的香气，吃完之后真的是口有余香。也可以配上各种小菜一起吃，比如小鱼干、咸菜什么的。

瑶族有花饭，一般祭祀先祖的时候吃，为的是让祖先看到今日生活的色彩；苗族有花饭，也叫姊妹饭或者情人饭，小伙子小姑娘们谈情说爱的时候要用花饭传递心意；壮族有花饭，一般都是重大节日时食用，你会看到人们一边吃花饭，一边笑语盈盈；布依族也有花饭，他们也叫它"五色米"，吃的时候还可以浇上一勺野蜂蜜，格外的香甜。

这么多民族都有花饭，很难说清楚花饭到底是哪个民族发明的。这样不是也很好么？就像我们的五十六个民族，每个民族都有自己独特的色彩，可是又能像花饭一样既五彩缤纷又团结和睦，那不就永远是一幅春日绚烂的景色么？

布依族花饭

壮族花饭

韩国花饭

新梢一枝梅

我小的时候在太原，很爱吃老字号"认一力"的梢梅。

这两个字不读"shāoméi"，而读"shāomài"。梢梅是山西特有的写法，就是外省叫做"烧卖"的吃食。

猪肉烧麦

我不知道这种小吃为什么叫做烧卖？既不见烧烤，也不见如何叫卖。但是单从雅俗上来说，我觉得"梢梅"更上一层。山西属于黄土高原，缺水、风沙大，色彩单调，可是人们更有追求绚烂的心。你看山西的花馍馍，简单的白面，捏塑成各种花形，染上各种天然的色彩，漂亮得像是一种艺术品。同样是吃食的梢梅，一看这名字，仿佛新梢一枝梅，倔强地开放。但是用山西话的发音，"梅"字读"mai"的音，故而传播到外省，逐渐演化成"烧卖"。

这种传播一开始都是在相邻省份之间，比如

素烧卖

猪肉烧麦

乾隆白菜

河南和内蒙古。河南是中原粮仓，盛产小麦，所以面食的品种交流很快。在《东京梦华录》上已经记载有"切馅烧卖"，应该是山西传入。而随着北宋灭亡，宋人南迁，这种面食也被带到了南方，南方人把它的馅料丰富化，形式精致化，形成了今日的南方烧卖。

南方烧卖和山西传统烧卖有什么区别？最大的区别是：在山西，一说梢梅，传统上就是一种馅——羊肉馅。认一力是清真餐厅，做得最好的就是羊肉梢梅，后来出名的是羊肉蒸饺。认一力的羊肉梢梅，花形好看，馅料处理到位，有羊肉特有的鲜而少腥膻，吃起来嘴里带劲，吃完后身上有劲，是我小时候最为钟爱的美食。

梢梅是烫面做皮，也就是白面和的时候不能用凉水，要用开水，把面粉一烫，面粉里的面筋被烫软，部分的淀粉也被烫熟膨化，和好的面既不过分硬挺，也不会绵软无力，而是柔中带韧，做蒸制的食品十分适宜。制馅时要把羊肉绞碎，加花椒粉、盐、白酱油、姜末等拌匀，再将西葫芦、韭菜切碎放入，加麻油拌匀即可。包梢梅是个技术活，要求花头褶子簇拥成一朵朵富贵的梅花，而下面要饱满，馅料要多，仿佛是金元宝上生成一朵梅花，格外富贵喜人。

山西的梢梅也向内蒙古传播。晋商北上，开创包头市场，北上恰克图、乌里雅苏台，带着梢梅，是一缕家乡的幽香。后来内蒙古人又把这种吃食带入京城，当时叫作"捎卖"——贩皮货的人开始自己做着吃，后来有人买也就捎带着卖一些。再然后，晋商影响力渐大，逐渐成为明清第一大商帮，京城的山西人越来越多。有个姓王的山西人在北京就卖梢梅，刚开始生意一般，过年了也不敢休息，结果连续几日大雪，生意更是雪上加霜。一日晚正要收摊，突然来了几位生客，说是京城大雪加上天晚，已无地方饱腹，求店家随便做点什么。王老板见有生意，绝不怠慢，认真地端出热腾腾的梢梅，加上几个简单适口的小菜。几个客人吃罢，交口称赞，遂问店名，希望下次还来。王老板苦笑一声："小本买卖，糊口而已，哪有名号？"客人中的一位略一沉吟，说："店虽小，东西好吃，也要有名号才好。既然京城只有你这一处开门，就叫'都一处'吧。"王老板赶紧道谢。第二日正王老板寻思如何把这名号立起来，结果店外突然一片喧嚣，宫里送来当今圣上亲笔所书的牌匾，上面写着"都一处"三个金晃晃的大字。昨日之客人，当今圣上乾隆皇帝是也。都一处一下子火了，迄今还在前门大街上，顾客络绎不绝。不过只有我们山西人知道，这京城的老字号，卖的是山西的吃食啊。

简单而大美的剑川菜

北京是个餐饮精英云集的城市，但是又很包容，菜系上多元，法国菜、日本菜、西班牙菜、牙买加菜、俄国菜一应俱全；价位上从街头平民小吃到商务大宴也无所不包。菜品无论出自何方，价格无论高低，其实都可以食客云集，关键看你做得够不够用心。

我有一位朋友，算半个云南老乡——我安家在云南大理，他是纯正的大理剑川人士。他姓张，和我同年，我就叫他小张，在北京开的馆子叫"八条一号"，就是用的西四北八条的地名，这个命名方法倒有些大馆子的味道。我很少说小张做的东西好吃，因为"好吃"实在是一个很个人的标准。第一次见美国人，我请人家吃葱烧海参，我自己觉得好吃的

红豆泡皮汤

牛干巴豆腐

不得了，人家美国人不吃，觉得海参像个大虫子般的恶心。但我认为小张做东西挺"灵"的。灵的证据是生意很好，人气超旺，就连"吃多识广"的蔡澜每到北京也必光顾。

有一次，小张做了几道剑川家常菜，我很喜欢。最爱的一道是"子母汤"。据传来源于段思平，而段思平为大理国的开国皇帝。你看看，大凡皇帝都有几个家常菜。这且不表，且说为什么叫"子母汤"？段思平未发达时，以种蚕豆为生。蚕豆会有一些无用的蘖（niè）枝，不仅不结豆荚，而且还会和主枝争抢养分，故而在叶片鲜嫩时就摘下食用。而段思平将其和泡发的干蚕豆一起煮汤同食，豌豆为子，豆叶为母，故为子母汤。子母汤吃起来别有一种清鲜的滋味，蚕豆白胖喜人，口感略硬发绵，豆叶爽滑，清气冲鼻。小张告诉我，要是豆叶特别新鲜，会如莼菜般黏滑。想到莼菜的鲜滑，我一时走神，回过头来仔细回味，确实有相近之感。

还有一道菜是韭菜炒猪血碎。我吃过的猪血，大部分是猪血厚片用辣椒和大葱段爆炒，但是猪血内部不易熟，往往需要淋些

韭菜猪血碎

子母汤

水焖一会，除非重油，否则血块不会滑爽。剑川的做法是把猪血打成碎，用韭菜段和辣椒爆炒，香气上也胜过一筹，故而给我印象很深。

有道菜我不爱吃，但是大理人喜欢，就是牛干巴蒸臭豆腐。我不是不喜欢吃臭豆腐，大理的臭豆腐和北京的不同，是发酵的毛豆腐，质感格外的绵软。我吃不了的是牛干巴。牛干巴就是腌过的牛肉放的干巴了，爱吃的人说有嚼劲，别有浓香；不爱吃的人，比如我，觉得特别膻腥。牛干巴蒸臭豆腐，要先把牛干巴切碎用油略煎，放在捣成泥状的臭豆腐上合蒸，彼此借味。我虽不吃，但真正的云南人一片叫好，是为之记。

还有一道汤，我印象也不错，是红豆煮泡皮。云南人特别爱吃红菜豆，我在腾冲做培训的时候，酒店一个朋友天天给我做酸腌菜炒红菜豆。第一天觉得味道甚美，连续一周下来，我恨不得给他跪下，然而他还觉得十分好吃。这次再吃红菜豆，觉得那种美好的感觉回来了，红豆翻沙，而泡皮吸满汤水，韧而带香。泡皮就是把猪皮晾干，用油炸过，表面布满泡眼。小的时候吃过，叫做"赛鱼肚"，长大了就明白，大凡叫做"赛某某"的，其实都赛不过，无可奈何的一种乐观罢了。

小张的馆子为什么人气旺？慢慢我也明白了——简单的才美得真实。我们做餐饮的叫作家常菜，老百姓说"接地气"，平民的才是大众的，只要你认真做，生意就不会差。

顺便说一下，八条一号对面是家卤煮火烧店，也是小张开的，同样顾客盈门，看着北京当地土著乐呵呵的开怀大吃，我觉得，生活，挺好。

娘惹菜里是乡思

看到肯德基出了娘惹风味的快餐食品，不由摇头——这快餐业巨头为了推陈出新，越发的混乱，食物体系不成章法。不过倒是勾起了我对娘惹菜的想念。娘惹菜，我在北京接触过。那还是去马来西亚驻华大使馆开办的一家餐厅，吃了一些马来西亚风味的菜品，其中就有娘惹菜。"娘惹"，是马来人和中国人通婚后的女性后代，男性后代则称为"巴巴"。娘惹菜其实在一定程度上也反映了华侨为融入当地社会所做的努力。可惜，中国人都长了一个思乡的胃，在饮食上不能完全改变，于是，在福建菜和马来饮食习惯融合的基础上，娘惹菜横空出世。

后来有机会去马来西亚出差，专门夫了马六甲古城，因为马六甲是马来西亚最早有华人移民的地方，所以娘惹菜亦是最正宗，我们拜托当地人一定要带我们品尝。他特意帮我挑选了一家价位并不高的馆子，并一再说味道其实很好，只是没有名气，所以价格划算。通过再进一步了解，发现娘惹菜的做法其实还是基本中国化的，但是应用了不少当地特产的配料入馔。例如菠萝、椰浆、香茅、南姜、黄姜、亚参、椰糖等，柠檬、香兰叶等更成为不可少的佐料。娘惹菜结合了甜酸、辛香、微辣等多种风味，一般较为多汁，口味浓重，但是不同地区还有细微的不同。马六甲以及新加坡等靠近印尼区域的娘惹菜偏甜，因为这个区域的人们爱使用椰子、中国香菜及莳萝菜来入馔；而在马来西亚北部半岛，特别是槟榔屿地区的娘惹菜偏酸和辣，还常伴有虾干虾酱，因为受到泰国菜的影响比较多。

赶紧上菜吧，毕竟，旅途中，对热饭有一种热切的渴望。我们品尝的有蚕豆洋葱拌江鱼仔、椰浆咖喱虾、剁辣椒炸鱼、黄姜炖鸡、清炒青菜、白菜炒木耳和一碗蔬菜汤。

金露

　　令人郁闷的是，我们一行人中除了我之外，无人爱吃娘惹菜。虽然和中餐比起来，我觉得这些菜显得朴实无华，但是椰浆咖喱虾和拌江鱼仔还是给我留下了不错的感觉。咖喱本身很香，加上椰浆来调味，除了增加了另一种香气之外，口感上更能突出、配合虾的甜美；而江鱼仔本身是个下饭的小菜，用洋葱这样很冲的食材来搭配，再加上绵软的蚕豆，就可以大放异彩。

　　相比菜品，我更喜欢娘惹菜里的小甜品。天气热的时候可以来碗金露。在打碎的冰渣上，拌入椰糖，加上用香兰叶打汁和上米粉制作的小米虾，味道冰爽香浓，十分过瘾。还有椰丝配椰糖米糕、香兰叶米糕等，味道都很浓郁。也有像汤圆般的甜品，不过并不是煮，而是包了椰糖和椰丝的馅，裹了箬竹叶来蒸，那自然也是很香的。

　　小的时候，妈妈常开玩笑地说：在外面多吃点，吃饱了不想家。我想，在外的华人们，大家也要吃好生活好，却更要记挂着我们在东方古老的家园。

不负舌尖不负卿

饮 · 合德

古人训诫喝酒："少饮怡情，多则败德"。饮酒是关于德行的事情啊。其实不仅仅是饮酒，喝茶、饮汤，都是有一定的规矩的。如果我们把"德"理解成符合规律而成就快乐，那么会品饮，是日常却必须重视的。不要拘泥于喝什么，而是我们如何通过喝东西让自己的心境与之契合，这就不是修行胜似修行了。所以，你的心能够云淡风轻，就能在一碗滇红里品味如春天般的美好。让我们一起去寻觅吧。

不负舌尖
不负脚

那一杯梅妃与洛神

中国古代有上佳的葡萄酒，而且要用夜光杯去盛，在饮用之前已经迷眩于"葡萄美酒夜光杯"的遐思之中。但是这种葡萄酒应该和今日流行的国外酿造的干红葡萄酒是不同的，今日之葡萄酒一尝就是符合西方人的口感——酸涩而追求饱满。

可能大部分中国人最熟悉的酿造红葡萄酒的葡萄品种是赤霞珠。可是口味传统的中国人应该不会很喜欢或者说立刻接受赤霞珠葡萄酒的口感，因为酒体中的单宁较重，这成为中国人不能承受之涩。遗憾的是，我就是一个口感很传统的中国人。喝过了赤霞珠、黑品诺、西拉、佳美、品丽珠、歌海娜、仙粉黛等酿造的红葡萄酒，我发现仍然找不到我自己所喜欢的味道，虽然在香气上，它们都有各自美妙的表现。

后来，有个朋友说：在法国波尔多产区，你可能喝到一瓶没有赤霞珠的红酒，但是每瓶红酒都难逃梅洛的影子。梅洛？我明知道是个音译的单词，脑子里还是立刻反应出两个印象：梅妃和洛神。

梅妃是唐玄宗的宠妃，后来被杨贵妃所嫉，先是失宠于玄宗，后来

又在玄宗仓皇出逃时被遗忘，终死于安史之乱中。梅妃，这喜欢梅花的女子，想必不会太俗气，何况别人称赞她有才情。她喜欢淡妆素服，应该是清丽柔顺的。而洛神同样是以美丽出众而著称的女子。想到那洛水之上彩带飘飞的凌波微步，应该是一种惊世动人的轻盈。

恰恰，梅洛酿造的葡萄酒，无论怎么被评价，是公认的柔顺与适口。单宁柔顺和回味柔和造就了梅洛葡萄酒的完美平衡，一下子就征服了我。但是梅洛的特征不仅仅是"口感顺滑"这么简单，实际上，在香气方面，梅洛也呈现了迷人的变幻——根据种植区域的不同，经过不同的酿造工艺后，像七彩方霞一样，梅洛葡萄酒展现出不一样的香气特点。在法国、意大利和智利，那些

气候凉爽地区所酿制的梅洛葡萄酒，结构感很强，能够散发出烟草、焦油和泥土气息；而在美国、澳大利亚和阿根廷这些气候相对温暖的葡萄产区所产的梅洛葡萄酒则具有明显的莓类果香。

作为法国种植面积最大的葡萄品种，梅洛的运用十分广泛，比如法国八大名庄的奥松酒庄（Chateau Ausone）和柏图斯酒庄（Petrus）。奥松酒庄的创始人奥松不仅是一位诗人，也是当时罗马皇帝的太傅，更主要的，他是一位真正的葡萄酒爱好者。在奥松庄园 2002 年的干红葡萄酒中，最主要的酿造葡萄就是梅洛，也是因为梅洛，让这款酒充满了类似黑莓的香气，口感也更加圆润。而更偏爱梅洛的是柏图斯。柏图斯的产量很低，在葡萄不好的年份，它会减产甚至停产，来维持酒的品质和酒庄的声誉。而柏图斯种植的葡萄 90% 以上都是梅洛。1996 年的柏图斯干红葡萄酒更是使用了 100% 的梅洛葡萄酿造，而这款高档干红随之以无可匹敌的圆润口感和森林般的丰富植物香气获得上层人士的青睐。

其实在中国，我觉得梅洛也是性价比最好的红酒之一，尤其是作为餐酒，推荐"石头鱼梅洛（SilverFish Merlot）"。这个系列的梅洛葡萄酒，通常在百元人民币左右，往往带着浓郁的黑莓香气，略带有淡淡的花香和木桶气息，有着典型梅洛葡萄酒的特征；而在口感上有浓浓的黑加仑和黑莓的味道，单宁（Tannins）顺滑、柔顺，层次也显得较为丰富，回味悠长。

起泡酒的美好时代

葡萄酒一贯给人的感觉是优雅，不过就像人的性格，稳重太久，就想活泼一下。大凡这样的人，往往能横空出世一般照亮幽深的历史甬道。

葡萄酒静得太久了，就出点小泡泡活动一下，起泡酒就出世了。新生的事物开始总是让人头疼，据说 17 世纪晚期当葡萄酒中出现气泡后，香槟酒之父佩里侬（Dom Perignon）修士十分懊恼，使用了很多方法来避免这种情况的出现。当然，他失败了。由此，香槟诞生了，并且不可遏制地得到人们的喜爱。香槟当然是起泡酒的代表，但是起泡酒却并不只有香槟，而且不只有白起泡酒。澳大利亚人用设拉子葡萄酿造出红色的起泡酒，虽然看起来还是有些怪异，可是谁让生活总是多姿多彩呢。

我还是喜欢白起泡酒。奢侈一点的就是巴黎之花香槟。香槟在法国人努力了几百次之后，终于将法国香槟区生产的起泡酒确定为正宗的香槟酒，虽然法国就有两个香槟区。哦，真够乱的。巴黎北面的香槟区生产的是香槟，巴黎西南面的香槟区生产的是我喜欢的另外一种酒——上好的白兰地，我们叫它"干邑"。

1902 年，当时的新兴艺术家、玻璃制品大师艾米勒（Emile Gallé）采用蔓藤银莲花图案为巴黎之花香槟酒厂制作出了高贵典雅

意大利之花

巴黎之花

的玻璃香槟酒瓶，从此开启了"巴黎之花"香槟的美丽时光。

说实话，我关注巴黎之花是从被它的瓶子深深吸引而开始的，而且自从第一眼看到，就不能自拔。那绿色的玻璃瓶子晶莹而深邃，上面阿拉伯彩釉烧焊的银莲花微微凸起，立体感很强，仿若散发着清雅的香气。

这款酒，以法国白岸顶级葡萄园的精选莎当妮葡萄为主要原料，酿造出轻盈优雅的香槟，不仅充满了果香，还有紫罗兰般迷人的香氛，营造出浓浓的贵族气息。而在法文中，Belle Epoque——美丽时光，指的是20世纪初法国人崇尚极致奢华优雅的年代。在那个时期，到处都是歌舞、派对和时装，所以，美丽时光表示的不仅仅是一段美丽的时间，更代表了一种欢乐、幸福的生活场景。这种场景，在你品尝巴黎之花香槟的时候，可以被完美地感受出来。

如果不这么奢侈，是的，我可不能把钱全部都喝掉。那我们仍然可以选择另外一朵"起泡酒之花"——意大利之花。意大利之花的瓶子没有那么贵族气，是平易近人的平民少女，在棕色的瓶体上盛开着色彩艳丽的花朵。意大利之花起泡酒倒在杯子里是迷人的浅麦黄色，气泡细密而且持久，散发出清新的水果香气。最讨巧的是，慢慢品饮，还能感受到一丝丝蜂蜜的味道，细腻柔滑，充分把玛尔维萨（Malvasia）这款葡萄品种香气丰富、酸度低、甜度持久的特点展示出来。最好的是，用意大利之花甜型起泡酒配饭后的甜点，会给美好的食物画上一个完满的句号。

小桃红

　　国外的葡萄酒，是个庞杂的系统。虽然我们也有"葡萄美酒夜光杯"的优美诗句，可惜在中国葡萄酒没有被传承下来。我猜测，外国的葡萄酒酿造文化和我们古代的是完全不同的，因而，我们理解起西方的葡萄酒文化来总是有些困难。这个困难表现在两个相对应的方面：一方面是我们有时在干红中加入饮料，不仅干扰香气，而且毫无必要——那你还不如直接喝甜红好了；一方面是我们很希望自己表现得像一个品酒专家，说色泽、香气、滋味，都用专业术语，再加上一些产区的奇闻逸事，真的是显得自己是西方贵族。

　　其实，过犹不及呢。葡萄酒就是一种饮料而已，如果你不是侍酒师，那只需要负责喝就好了。知道一些知识也是为了更好地品饮，不要把它作为一种符号、一种炫耀。葡萄酒并不总那么高深，比如桃红葡萄酒就是百搭利器。

　　不光是在中国，国外的年轻人也很喜欢桃红葡萄酒。用餐实际是种休闲，干嘛要费脑筋搞清楚一款酒的产区、年份和酿酒方法，而不是把更多的精力放在享受美食和酒香上面？桃红葡萄酒不需要考虑这些，只需要选最新年份的，而一款口感稍微复杂的桃红酒基本可以从头菜配搭到甜点。最主要的，桃红酒不是动辄几百上千的价格，日常饮用的桃红酒，价格从六七欧元到十几欧元不等。

我自己比较喜欢佳榭特的桃红酒，因为在中国可以很容易地买到，而且是一款性价比很高的入门级桃红酒。佳榭特的葡萄园在凡度山，凡度山属于普罗旺斯大省。有的人说：普罗旺斯有三种色彩，薰衣草的紫色、地中海的蔚蓝以及葡萄酒的桃红。作为桃红葡萄酒的诞生地，这里酿造桃红酒的历史有 2600 年之久。20 世纪的法国小说家马尔罗（Andre Malraux）曾经写过一句话："美丽的薰衣草田，那是葡萄的襁褓。"普罗旺斯不仅仅是薰衣草，而是那种罗曼蒂克的气息，把地中海般深沉的柔情酿入了一瓶瓶的桃红酒中。

桃红酒的色泽是美丽的粉色果冻般的感觉。这美好的色彩来源于葡萄皮。酿造红葡萄酒时，葡萄皮和果肉是完全参与整个酿造过程的，葡萄皮里的色素把酒液染成了深沉的宝石红；白葡萄酒是由果肉发酵酿造的，只保留了黄绿、蜂蜜般的清新；桃红酒介于两者之间，它让葡萄皮参与一部分的酿造，而又不让它呆那么长的时间，故而皮里的酸涩滋味也较少的进入酒液，只留下粉红的色彩和清爽的味道。

这种清爽，成为桃红酒清澈的晶莹，如舞姿曼妙的少女，旋转时轻盈地带起一丝微风。桃红酒的香气是清丽的果香，有的时候会混合着香

草或者野蔷薇般的气息，仿佛阳光下开满野花的田野。入口却又细腻而柔美，并不失大气的内涵，表里的差别，让人惊喜，余味干净而持久。

如果你想彻底地享有这一瓶的浪漫，千万记住，桃红酒的饮用温度是非常重要的，她更喜欢在摄氏 6～8 度之间展现她最迷人的风采。没有冰桶？没有关系，冰箱的冷藏室就可以啦。犹如邻家女孩，没有那么多繁杂的讲究，却一样有颗甜美高贵的心。

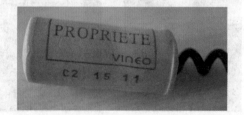

哥顿金：我的暮光之城

　　我是一个需要新的文字不断冲击的人，可惜的是，在市面上阶段性的好书匮乏，当逛完了整个书店也实在挑不出一本值得购买的书后，我往往在有限的业余时间里百无聊赖。我可以悠闲，但决不能无所事事，这让我疯狂。疯狂的时候，我会看一些碟片，甚至看一些我平时本不喜欢的题材，比如，这盘《暮光之城》。

　　《暮光之城》讲述的是一个年轻美丽的美国少女贝拉，因为父母离异而将自己放逐到偏远的城镇，她的心门也在慢慢关闭。然而在学校，同样被视为异类且少言寡语的爱德华却深深地吸引了她。他和她都在试探、躲藏、思索而最终爱恋的火焰腾空而起，吞噬两颗青春躁动的心。爱德华是一个吸血鬼，虽然他和他的家族恪守着美好的愿望，不伤害人类，但是贝拉要想融入这样一个非人的世界，面临的不仅仅是不便甚至是生命的危险。她和爱德华备受心灵的煎熬，却不愿放弃彼此心动的永恒。于是整部片子都被搅进了这样一种情愫，无奈、抗争、矛盾、坚定甚至一丝情欲，纠结着而无法突围。这种好莱坞商业片的把戏、老套的故事，却因为爱情、纯洁的爱情这样永远不朽的伟大主题而依然引人入胜。

　　片子的英文对白完全超过了我的听力水平，于是更多地依靠中文字幕。天哪，一个糟糕的翻译足以谋杀所有看片子的人。在脑力的激荡和折磨中，我坚持裹着被子看完了这部片子的一、二部——《暮色》和《新月》。时针已经指向夜里三点，我的大脑却异常活跃，我必须做点什么。打开柜门，看到剩下不多的哥顿金（Gordon's）。

　　Gin（金酒）是我喜欢的为数不多的外国酒之一，基本上是因为它那浓郁的杜松子香气。是的，金酒就是杜松子酒，而杜松子是杜松子树的莓果，散发着强烈的类似松树的辛辣的木头味道。最早是荷兰人发现杜松子有良好的利尿作用，因而把它浸制在酒中蒸馏而获得杜松子酒，这种药酒在荷兰并未发扬光大，反而在英国阴差阳错而又抓住时机地大放异彩。中国大陆常见的金酒品牌，多的就是 Beefeater（必发达）和 Gordon's，都是英国产的金酒。而我很奇怪，超级喜欢哥顿金，却非常讨厌必发达。哥顿金很有个性，杜松子的香气非常浓郁，喝下去口感非常的滑爽饱满，没有任何杀口的感觉，而满嘴、满鼻都是带有些许香料味道的松木香。必发达就差得多，圆滑的毫无特点，怪不得经常用来作鸡尾酒的基酒，不像哥顿金让人明明知道危险却欲罢不能。

喝了一小杯哥顿金，略为昏沉，很安静地睡去，居然一夜无梦，一个吸血鬼都没有看见。

顺记冰室

在广州，我最爱的地方是荔湾。

荔湾的名字真的好美，"一湾溪水绿，两岸荔枝红"，那是怎样的一幅泼墨彩画？只有大自然才能调得出如此醉人的色彩。

荔湾还有一个名字，叫做"西关"。比较正式的说法是它位于广州古城西门外的"咽喉关口"之地，故而称西关。我倒是更喜欢另外一个传说——西关乃是菩提达摩西来初地。大约在一千四百六十年前，菩提达摩漂洋过海来到中国，最早在广州落脚。后来被当时的梁武帝请至都城南京说法论道。

说到梁武帝，实在是个荒唐的人。杜牧的诗中说"南朝四百八十寺"，可见当时佛教的风气是很盛的，而梁武帝本人甚至还上演过两次舍身于寺庙再由文武群臣赎回的闹剧。梁武帝本人是很为自己的"壮举"而骄

傲的，他见菩提达摩，得意洋洋地问："我是皇帝，却能那么虔诚，建了如此多的寺庙，印了那么多佛经，供养了成千上万僧人，应该算是有很大的功德了吧？"达摩却说："实无功德。"梁武帝不仅不满更是不解，达摩解释说："你的做法是带有很强烈的目的性的，就是为了死后升天，实际上不过是一种物质利益交换。虽然确实也做了这些事，但是发心不对的话，就好像身子不正非要强求影子不斜一样，不过是场镜花水月。"梁武帝又问："那么什么才是真功德？"达摩说："禅家的真功德，首先指一种圆融纯净的智慧，它的本体是空寂的，所以首先不可以用世俗的观念和方法去取得它，一旦你认为付出了什么就应该得到何种结果，那绝不是真正的佛法，而是一种变相的交易。而佛祖如果和世人做这样的买卖，那就不是佛祖了……"菩提达摩之佛法，梁武帝根本无法理解，达摩便果断地"一苇渡江"，来到嵩山，开辟了禅宗的祖庭——少林寺。禅宗讲"见性成佛"，是说发现和关照自己的本性，看到自己即佛，就能真正得到安乐。

而今日的西关，就我的本性而言，最喜欢的却是无数美食。美食集中地，又数上下九步行街。上下九步行街有很多老字号，都在传统的骑楼建筑之内，比如莲香楼的月饼、鸡仔饼等举世无双，而南信的双皮奶也是滑美得无可匹敌。吃了那么多好吃的，加上广州一般气温较高，需要解腻的话，两个选择：一是吃苦——黄振龙的凉茶是也；一是食甜——靠近上下九位于宝华路85号的顺记冰室吃冰品是也。

我更多的是爱顺记冰室，因为顺记冰室不完全是饮品，还有很多传统的广东美食，例如艇仔粥、肠粉等。但是作为一家有着80多年历史的老字号冰室，我最爱的还是它

榴莲雪糕

的榴莲雪糕。

　　水果中我最爱的就是榴莲啦，曾经在马来西亚一次吃了几个"猫山王"榴莲，然后担心上火流鼻血，吓得又喝了几个椰子、吃了几个山竹。顺记的榴莲雪糕味道很正，并且不那么甜腻，像榴莲般的甜到苦，而又化成丝丝的香，最后萦绕满嘴，久久不肯散去；质感既不像哈根达斯雪糕那么腻，也不像贝塞斯雪糕那般略微有点不够顺滑，是不那么香艳到发腻却又足够风情的美好。

　　我记得第一次去顺记冰室时同行的还有关系很铁的兄弟李昀澄，当时他还在广东卫视做美食节目主持，他最喜欢的是顺记的椰子雪糕。同样是浓郁的椰香，却绝不像香精那般让人烦闷，而是如海风吹拂椰林般令人倾心。

　　有关顺记冰室：

　　顺记冰室据说由广东鹤山人吕顺在 20 世

纪20年代创办。相传，吕顺一家原以收买旧物为主，后来迫于生计，投靠了在泰国开冰室的姨妈，之后到香港九龙售卖自制的雪糕。日本侵占香港后，吕顺便回到广州。而当时的广州，正值雪糕从国外刚刚传入，是十分时髦的冷饮食品。吕顺的雪糕全是使用货真价实的水果纯手工制作，开始是挑担上街叫卖，很受街坊四邻的欢迎。后来，他选择了宝华路79～81号，开办了顺记冰室，因为这里当时是富人、阔少经常光顾的地段，一下子名声大振，后来在香港、澳门及东南亚都享有很好的声誉。

20世纪50年代初期，顺记冰室进行了公私合营，之后扩张铺面，增加设备和扩大经营，使之成为一间颇具规模的冷饮店。尤其是一脉传承的椰子雪糕，选用国产椰子和泰国椰子，特别细腻润滑，芳香诱人，成为招牌产品之一。后来曾一度更名为"反修冰室"。1978年增开早茶市，并改为"椰林冰室"，直到1986年秋天才又恢复"顺记冰室"的旧号，至今已成为一家经营冰品、甜品、饮料、简餐的综合性食肆。

浸泡着绍兴的黄酒

一说到绍兴，我最先想到的是乌篷船在水道里咿呀而过；接着就想到了兰亭一会，留下千古书法绝唱；然后便是秦始皇登过的会稽山，还有字字啼血的《钗头凤》……不对，等等，其实还有黄酒，而整个绍兴，

也许正是因为被黄酒浸泡着，才散发出如此迷人的香气。

黄酒是多么适合我的酒啊，它不像白酒那么烈，一边喝一边还担心着身体，即便酒量不错，还要时时记着老祖宗的提醒——"少则怡情，多则败德"；它不像红酒那么拒人于千里之外，你会不会喝？你能品得出来这个拉菲其实是副牌么？喝酒就是喝酒，弄的这么不痛快；它不像啤酒那么考验人体的容量，还占据了美食的库存。黄酒健康，中医说它活跃气血，滋补经脉，西医说它富含氨基酸，可以抵抗衰老；黄酒酒精度数低，所以不管什么人，都可以来几口，不至于冷场；黄酒可以搭配菜品，基本百无禁忌，你愿意怎么喝都行；最主要的，我觉得黄酒真的好喝。

绍兴黄酒的主要品种分为元红、加饭、善酿和香雪，再加一个太雕。元红最干，或者说最酸，香雪最甜。太雕也甜，但它是用善酿和加饭勾兑的，不是一种直接酿造的黄酒品种。元红也叫状元红，因过去在坛壁外涂刷朱红色而得名；加饭酒顾名思义，就是在原料配比中增加糯米的用量而称之为"加饭"；善酿酒是以存储 1 年至 3 年的元红酒代替水酿成的双套酒，也叫母子酒，酒体呈深黄色，香气馥郁，质地浓，口味甜美；香雪酒是采用 45% 的陈年槽

烧代水用淋饭法酿制而成，也是一种双套酒，酒体呈白色，像白雪一样，带有浓郁的甜香。这里面没有我们经常听说的"花雕"。为什么呢？因为花雕不是一个品种。在绍兴，3年陈期以上的黄酒就可以称之为"雕"，而装好酒的坛子，一般都是画的人物故事、山水花鸟，色泽比较艳丽，还要用沥粉堆塑的方式形成浮雕造型，故而称之为"花雕"。其实大部分的花雕都是陈年加饭酒。加饭酒虽然是半干型的黄酒，但对于大部分的北方人来说仍然偏酸，所以后来咸亨酒店才创制了太雕酒，比较适合北方人的口味需求。女儿红、状元红都应该算花雕酒的一种，也是一种俗称，与古代的生活习俗有关。早年间的江浙人家生了孩子，父母会酿几坛子酒埋在后院桂花树根底下，等孩子长大成人后挖出来喝。生女儿的话，女儿长大出嫁时喝的叫女儿红，生儿子的话，儿子读书金榜高中时喝的就叫状元红。

　　不管是哪一类的黄酒，只要是好酒，必须六味调和，这六味是：

　　甜味。糯米经过发酵产生的甜味，会让黄酒产生滋润、丰满、浓厚的感觉，也容易让人产生回味。

　　酸味。如果黄酒是单纯的甜，那是没有底气的，而且必然会让人产生

"腻"的感觉，所以一定要有适度的酸来中和，而且这种酸本身又是一种复合味道的酸，才不至于变成"傻酸"，才会让黄酒味道更加有层次感。

苦味。酒中的苦味物质，在口味上灵敏度很高，而且持续时间较长，有了苦味才会让人有"绕梁三日，余音不绝"的回味。不过和葡萄酒不同，黄酒的苦味不是来自于单宁，但这种苦味同样使黄酒味感清爽，给酒带来一种特殊的风味。

辛味。黄酒之所以是酒，不是糖水，是因为它含有酒精。酒精的辛辣味，让人具有在控制和超脱之间的那种兴奋。

鲜味。鲜味为黄酒所特有，因为黄酒中有很多氨基酸型的鲜味物质，它们传达出一种难以描摹的美好，令我们在运用辞藻方面束手无策，只好把这种感觉称之为"鲜"。

涩味。前面所说的五种味道，既需要次第展开，又会在展开中发生新的碰撞，交融形成新的味道，而新的味道又再次碰撞和交融，发生复杂到难以言表的变化，但是这种变化因为过于丰富，甚至带有凌厉的"杀气"。涩味的出现，如同神奇的点化，让黄酒在浓厚中出现了美妙的柔和感。

说了这么多，还是没有现实那么丰满。我记得那天我是在石桥旁的一家小店，要了一壶黄酒，倒出来是浓稠的橙红，散发出令人愉悦到痴迷的香气，就着面前一盘梅干菜烧肉，呷了一口，才发现那种感觉必须用绍兴话才能形容——"咪老酒"，不止咪的是一口绍兴黄酒，还有因为太过幸福不由自主眯起的眼睛。

云南小粒咖啡，香遍全球

咖啡、可可和茶并称世界三大饮料。咖啡的地位难以撼动，我想和它不可磨灭的香气有着必然的关系。

咖啡的香气是一次的和盘托出，倒是和西方人的性格差不多，他们一般是直接和浓烈的。萃取精华，有着飞蛾扑火的执著，只在乎生命最耀眼的一瞬，而不在乎结果是渣滓还是灰烬。中国人的茶不同，第一遍是温柔的试探，第二遍是心意的初显，第三遍是不死不休的生死缠绵，哪怕是叶底，都余着一缕冷香。中国人不是不执著，而是认定了，连下辈子都打上追寻的烙印。这种不同还是很明显的，你看西方人学中国人做茶，把茶种搬走了，可是做茶却是CTC（压碎：crush，撕裂：tear，揉卷：curl）联切，出来的成茶是茶末，精华都在第一遍，倒和喝咖啡相似。

有意思的是，中国人也种咖啡。世界知名的咖啡品牌——雀巢和麦氏，这十几年来，大部分的原料都来自于中国，尤其是云南的小粒咖啡。

云南小粒咖啡不是一个正规的学名，只是咖啡果实的大小要小于南非这些地方的咖啡，它包含了几个品种，最常见的是阿拉比卡（Arabica），

　　也有波帮（Bourbon）和铁比卡（Tybica）。云南小粒咖啡的
种植大约是19世纪末由在云南的法国传教士发端的，与咖
啡同时出现的，还有葡萄酒。今天，我们在云南很多偏僻的
山村看到村民熟练地用土罐子煮咖啡饮用和品尝着自酿的葡
萄酒时，都会感到不可思议，其实他们大概已经接受这种生
活方式110多年了。

　　云南能够给小粒咖啡一个扬名世界的机会，是因为云南
本身的自然环境十分对小粒咖啡的胃口。小粒咖啡最适合生
长在海拔800～1800米的山地上，如果海拔太高，则味发酸；
海拔太低，则味易苦。在云南南部地区，例如西双版纳、德
宏、保山、普洱等地，具备了栽种高品质小粒咖啡的各种条
件，这些地方的自然条件与世界知名的咖啡产地哥伦比亚、

牙买加等地十分相似，即低纬度、高海拔、昼夜温差大，出产的小粒咖啡酸味适中，香味浓郁且醇和，属醇香型。所以在云南当地，人们都把小粒咖啡叫做"香咖啡"——在本来很香的咖啡前面再加一个"香"字，可见小粒咖啡的香气是多么的浓郁。

正是因为小粒咖啡的香气突出，苦味和酸度经烘焙后都比较容易平衡，所以煮小粒咖啡时不一定非要用虹吸壶那么费事的家什。我小的时候，姥姥还曾经用大瓷茶壶放在电炉子上煮过小粒咖啡，现在想起来都很香浓。当然，现在都是按照你的口味选择不同烘焙程度的咖啡豆，店家会帮你磨成咖啡粉，办公室里备一把小巧的摩卡壶就可以煮咖啡了。

摩卡壶（Moka Pot）是在20世纪30年代在意大利发明的。这个名字来自也门摩卡市，这里持续好几个世纪都是高品质咖啡的中心。每个摩卡壶都包括一个汽缸（底部壶胆）、过滤漏斗、可拆卸的带有过滤器的收集器（顶部壶胆），它们由一个橡胶垫圈固定。咖啡粉要适当的粗一些，因为摩卡壶是使用大约2倍于大气压的水蒸气经过咖啡粉而萃取喷淋出浓郁的咖啡的。小粒咖啡的剩余粉末倒还真是符合中国咖啡的特质，剩下的香气也要浓一些，放在小盒子里，特别适合吸取空气中的异味。有一阵子办公室里总有吸烟的人来，我又不好意思放一块"吸烟罚款500元"的牌子，只好改喝小粒咖啡，那咖啡粉末吸收烟气，管用了好长一段时间。

一包冰糖吊梨膏

北京突然出现了没有想象到的雾霾，后来问了问亲戚朋友，基本上都霾了，中国除了西藏和云南，陷入了"十面霾伏"之中。各路专家都出来发表了一下见解，主要围绕着口罩，这PM2.5到底用什么去阻挡。后来一位很知名的专家出来说了一下：这是谁都跑不了的，不从根子上解除雾霾，买什么口罩都意义不大。

人还是得有希望，我的惯性思维是，先看看能吃点什么，这就想起了梨膏糖。传说梨膏糖是唐朝有名的贤相魏征发明的。魏征的母亲多年患咳嗽气喘病，魏征四处求医，但无甚效果。后来这事让唐太宗李世民知道了，即派御医前往诊病。御医仔细地望、闻、问、切后，开始抓药，例如川贝、杏仁、陈皮等皆是理气宣肺的对症之药。可这位老夫人却十分怕苦，拒绝服用中药汤，魏征也没了办法。偶然一次，老夫人想吃梨，可是年老齿衰，连梨都嚼不动了。一个是不想吃的中药汤，一个是想吃但是嚼不动的梨，魏征一合计，干脆把梨汁、中药汤掺在一起，可是不仅稀汤挂水的，还特别麻烦，而且谁也没肚量一下子喝那么多汤汤水水啊？得把汤水浓缩。用蜂蜜和冰糖把汤水收浓，最后凝成糖块。这糖块酥酥的，一入口即自化，又香又甜，还有清凉的香味，老夫人很喜欢吃。结果最终靠这个糖块治好了老夫人的病。

传说归传说，不过梨膏糖确实是以雪梨或白鸭梨和中草药为主要原料，添加冰糖、橘红粉、香檬粉等熬制而成，故也称"百草梨膏糖"，主治咳嗽多痰

和气管炎、哮喘等症。

梨膏糖南方很多地区都有，但是略有不同。安徽的梨膏糖有熟地、满山红和肉桂等药材，但其他地区的梨膏糖里不多见，而且安徽秋膏糖的组方也比较庞大，有50多种药材。上海梨膏糖的方子比较小，只有十几味中药，但疗效也不错，花式比较多，甚至还有虾米味的梨膏糖。苏州的梨膏糖不够晶莹，味道也相对较苦，可是见效最快。

卖梨膏糖自古有"三分卖糖，七分卖唱"一说，就算你的梨膏糖再好，不会叫卖也是不行的。而且这种叫卖是用一种曲艺打趣的方式唱出来，逐渐形成了"小热昏"这种马路说唱艺术。我们就在苏州地区的一首《梨膏糖》小热昏中结尾吧：

小小凤琴四角方，初到你们贵地拜拜光，

一拜宾朋和好友，二拜先生和同行。

梁山上一百单八将，百草膏里一百零八样，

有肉桂来有良姜，温中和胃赶寒凉。

打鱼的吃了我的梨膏糖，捕得鱼儿装满舱，

砍柴的吃了梨膏糖，上山砍柴打到獐狼。

种田的吃了我的梨膏糖，遍地的庄稼多兴旺，

稻子长得比人高，玉米结得尺把长。

读书人吃了梨膏糖，有了科学文化把北京上，

科技钻研出成果，为建设祖国贡献力量。

大胖子吃了梨膏糖，血脂血压降到正常，

体重称称有一百二，无忧无虑精神爽，

哎嗨哟，无忧无虑精神爽。

小瘦子吃了我的梨膏糖，三餐茶饭胃口香，

以前做裤子要六尺布，现在做条裤子要一丈，

哎嗨哟，做条裤子要一丈。

男人家吃了我的梨膏糖，又当干部又把家务忙，

大嫂子吃了梨膏糖，养个儿子白又胖，

哎嗨哟，儿子长得白又胖。

小伙子吃了我的梨膏糖，找个对象真漂亮，

小两口日子过得好，一叠一叠钞票存银行，

哎嗨哟，一叠一叠钞票存银行。

小伢子吃了我的梨膏糖，聪明伶俐又说会唱，

睡觉甜来吃饭香，从小至今他不尿炕，

哎嗨哟，从小至今他不尿炕。

老头子吃了我的梨膏糖，脱掉的牙齿又重新长，

老奶奶说儿子他不在家，老头哉你要识识相，

哎嗨哟，老头哉你要识识相。

老奶奶吃了我的梨膏糖，容光焕发精神爽，

儿子媳妇把班上，带好孙孙小儿郎，

哎嗨哟，带好孙孙小儿郎。

秃子吃了我的梨膏糖，一夜头发长得乌杠杠，

哑巴吃了梨膏糖，放开喉咙把大戏唱，

哎嗨哟，放开喉咙把大戏唱。

瞎子吃了我的梨膏糖，睁开眼睛搓麻将，

聋子吃了梨膏糖，戏院子里面听二簧，

哎嗨哟，戏院子里面听二簧。

麻子吃了我的梨膏糖，坑坑洼洼就光堂堂，

驼子吃了梨膏糖，冤枉的包袱撂下江，

哎嗨哟，冤枉的包袱撂下江。

瘸子吃了我的梨膏糖，丢掉拐杖跑赛场，

瘫疤子吃了梨膏糖，走路一蹦有八丈，

哎嗨哟，走路一蹦有八丈。

梨膏糖倘若能治病，又何必找医生开处方，

只不过是一段荒唐笑话，茶余饭后消遣欣赏，

哎嗨哟，茶余饭后消遣欣赏。

化作洛神花

台东的金峰，盛产洛神花。洛神花是金峰最大的财富，每年一到 10 月、11 月，金峰的山野里到处都是艳红的洛神花，在晶亮的阳光下闪耀着光彩。不过那红色的美丽并不是真正的洛神花，只是她的花苞而已，真正的洛神花是小小的隐藏在里面的，白色的带着一点紫，每天早上会开放，10 点不到就会悄悄谢去。

洛神花是百搭的。台湾人也会组合，看似乱七八糟，倒也有不少菜式。洛神花本身含有果酸，所以如果不加糖，恐怕一般人都无法下咽，除了做蜜饯，洛神花的这个特性也特别适宜和海鲜以及排骨搭配，果酸会增加海鲜的鲜甜，也会让排骨减少

油腻。比如洛神虾球春卷或者洛神排骨。洛神虾球春卷是把烫面做成薄薄的半透明的春卷皮，包裹着用洛神花煮过的虾球，青翠欲滴的花叶生菜，香滑的美乃滋，一定还要一块洛神花蜜饯。这样吃起来，会有虾肉的鲜甜、生菜的自然气息还有浓郁滑腻的美乃滋的味道，而在你快要觉得生腻的时候，充满酸甜奇妙口感的洛神花蜜饯恰到好处地出现了，让你不禁满口生津，而且回味欲醉。洛神花排骨制作时需要先把排骨腌渍入味，然后在油里酥炸，最重要的当然是调洛神花酱汁。另起一锅，在锅里炝好葱姜，加上几勺蔗糖，然后倒入泡好的浓浓的洛神花水，慢慢收成浓稠的酱汁，趁着排骨还热，浇裹上去，再加上一些九层塔在上面，洛神排骨就做好了。排骨带着酸甜在口腔里曼妙起舞，各种美妙的滋味次第呈现，还带着一丝九层塔仿若九霄凌空的香气，让平常即使不怎么吃肉的人也会大快朵颐。

其实最喜欢的还是洛神花茶，因为最简单，也最能体现洛神花的美色。洛神花茶有着艳丽如同宝石的光芒，而如果加些姜，待到温热时再调入浓稠的野蜂蜜，喝下去会是暖暖的酸甜。每当喝着洛神花茶，我都会想起那个传说——洛神花是洛神的血泪凝结而成，它让你看到爱情的美丽，也会让你尝到爱情的酸甜。

你，是否已经找到那个为你煮洛神花茶的人或者值得你为他（她）煮洛神花茶的人了呢？

雪菊盛开在昆仑

昆仑山是万山之祖，西王母的瑶池就在那里。想必，那种青鸟在天空飞腾，凌云钟乳倒映玉波，碧玉之树和千年蟠桃光芒闪烁的景象就是第一重天的美景了吧？然而这些都是仙境，在人间，昆仑山还是那么摄人心魄、气势逼人，终年白雪皑皑，海拔的高度压得人喘不过气来。

在"天上无飞鸟，地上不长草，氧气吃不饱，六月雪花飘"的喀喇昆仑山上生活，除了高山反应和疾病带来的痛苦外，最难耐的是寂寞。山上到处白雪皑皑，连棵小草都没有，更别说什么绿色。可是却能生长高山菊花！在一片白色的荒芜之中，突然看到野菊花，每个人都会被它的美震惊——绿色的枝叶，金黄的花朵，孤独而倔强地挺立。维吾尔族同胞们把这种植物叫做昆仑雪菊，维吾尔族语发音为"恰依古丽"，据说是原来维吾尔族的贵族们用来泡茶的一种植物饮品。我想这个可能有点穿凿附会，昆仑雪菊原产于美国，学名叫做"蛇目菊"，在我国栽培的时间不长。

雪菊的花朵像是雏菊，但是是单瓣的，所以花干显得有点单薄。花瓣还是金黄色，带些橙色，花蕊是棕褐色发黑，闻起来有浓郁的香气。用开水一泡，香气高扬，可以闻到浓郁的紫罗兰般的香气，又带着一丝野菊花的清香，好像还有昆仑雪般的清气。而茶汤的颜色也很快从淡黄变为金黄，几分钟后居然红浓似血。小心的尝了一口，嗯，也是满嘴生香呢。想着，如果有机会能用昆仑山的雪水冲泡，那一定会更加的甘甜。

昆仑雪菊含有对人体有益的 18 种氨基酸及 15 种微量元素，尤其是黄酮的含量很高，所以长喝昆仑雪菊倒是有很好的保健作用，对高血压、高血脂、高血糖、冠心病等都有一定的调节效果，并有杀菌、消炎、减肥、预防感冒和慢性肠炎的功效，对于失眠也有相当好的调理作用。不过，咱们中国人尤其是中医看待这些东西，都是很理性的，一切药石针剂都是拨乱反正，当把你临时出轨的身体拨回正道上，药就失去了正向的作用，就变成了"是药三分毒"。身体的正轨靠的是精气神去把握，有一颗强大的心灵、善良的情绪和一双善于发现美的眼睛，走入大自然，身体自然就健康了。

凤凰蛋和苦柚茶

武夷山是神奇的宝库，风景秀丽，山峰葱郁雄奇，九曲十八弯的溪水和山泉相伴，萦绕出一块风水宝地。这样独一无二的环境，生长着同样神奇的武夷茶树，在历史上有记载的名丛就不下 800 种，更别提这名丛里面赫赫有名的大红袍、水金龟、铁罗汉、白鸡冠、半天妖和肉桂、水仙等武夷岩茶了。我喜欢武夷岩茶，自认为喝过的种类也不少，后来还发现了两样有意思的东西和武夷岩茶有关。

武夷山是个山区，居民居住比较分散，后来慢慢形成了赶集的习惯，人们利用相对固定的日子来购置生活用品，这样的集市在武夷山被称为

苦柚茶

凤凰蛋

凤凰蛋

"柴头会"。开门七件事，柴米油盐酱醋茶，以柴开头，都是针头线脑的小事，却是生活中不可或缺的。在武夷山的柴头会上，人们往往都要买一些"凤凰蛋"，作为居家生活的必备品。

我第一次看见凤凰蛋的时候，完全搞不清楚是什么东西。凤凰蛋这名字很好听，实际上长得却像"鹅粪蛋"，就是拇指粗细、三四厘米长的草末形成的椭圆球。颜色也是岩灰色，闻起来有淡淡的药香。"这可是好东西，是纯天然的"，古岩芳茶业的老板娘告诉我说。"哦？有什么用么？"我开始感兴趣了。"这是我们武夷山的老人上山找一些野生中草药，加上武夷岩茶，一起制成碎末再黏合在一起的，家家的配方都不一样，有十几味药吧，我们这些小辈都不会做，可是家家户户从小就可以给孩子喝这个，什么积食啊、感冒啊、肚子疼啊，都可以治，喝几天就好了。"老板娘继续解释道。

既然这样，还不赶紧尝尝？我找了玻璃杯，将一颗凤凰蛋泡在了开水里。汤色慢慢变成淡淡的黄色，中药香也散发出来了。尝一口，有清凉的口感，虽然不知道具体的方子，但是里面有艾草的香气。正好那几日感冒，我买了一些回家，连喝了三天，嘿，感冒还真好了。凤凰蛋，也许是因为"凤凰衔芝，身强体健"而得名的吧，看起来，它还真对得起这个名字。传统的东西有的时候真管用，为什么？那么长时间的实践下来，证明它是好东西，应该不会错。

除了凤凰蛋，武夷山还有一样居家必备的土药，倒比凤凰蛋好看多了，就是"苦柚茶"。苦柚茶是我的叫法，在武夷山它被叫作"看家茶"，是武夷山茶农世代的保健茶。所谓"看家茶"意指作为药用放在家中的备用茶。武夷山的野生柚子，个头比蜜柚稍小，它的果肉是不能吃的，苦涩极了。所以把野生苦柚削一盖顶，掏出其中的果肉丢弃，把剩下的整个柚皮晾至八分干后，填入武夷岩茶未焙火的毛茶，也有把茶与山草药相配置一块装入的，再将苦柚顶盖和身子用棉线缝合好，最后将其挂在烟囱的砖壁上烘干，存放一年后即可药用。当然也不怕陈放，陈放时间越长越好。使用的时候，掀开顶盖，把里面的茶拿出煮水或浸泡，也可以把苦柚皮掰成小块，一起浸泡饮用，味道比一般茶苦，但是也有了一般茶不具备的药效。苦柚茶不仅可以防治感冒，还可以治疗咳嗽、胃腹胀气等症，更神奇的是，如果与土鸡一起炖后食用，还对哮喘有一定的疗效。

好山好水出好茶，好茶亦是好汤药。美丽的武夷山，不仅用风景慰藉人们的心灵，也用岩茶熏染人们的情怀，还用凤凰蛋和苦柚茶滋养人们的身体，大美胜境，于斯处矣。

绚烂的乾隆，清香的茶

清朝历代帝王中，从文化遗留的角度来说，我最喜欢康熙和雍正，较讨厌乾隆。康熙朝的器物一般都比较大气，一看就有开创盛世的胸怀；而雍正朝的东西，在大气的底子上，别有心思，却不过分，耐看也值得反复品味。乾隆朝的东西太过艳丽，纷繁复杂，一看就是过于自我标榜，但已经失掉了胸怀海内的霸气、威加四方的豪气，属于强撑门面型。

乾隆这个人做人也是如此，好大喜功，强撑着天朝上国的门面，却没有发展的后劲，眼界已经驶入历史的"慢车道"。在文化方面，乾隆皇帝干过的一件事是我很欣赏的，也是唯一欣赏的，是他对龙井茶的评价。乾隆皇帝评价龙井说："啜之淡然似乎无味，饮过后方有一种太和之气，弥漫乎齿颊之间。"所以西湖龙井茶是"无味之味，乃是至味"。这个评价的水平非常高，可以说是龙井茶的知己。龙井茶在明朝的时候并不算是特别好的茶，可是在清朝就确立了茶之精英的地位，这和乾隆的大力推广也是分不开的。

龙井茶一直到现在，盛名不堕，但是相比普洱中的易武、岩茶中的大红袍等，确实不够热闹辉煌。这和现在的人们内心不够宁静有关。中国的先贤，不论是否身在乱世，四处飘零，内心是宁静的；而现在的我们，不论身外之境如何，首先的问题，是内心充满了动荡、试探、投机和欲望，所以我们的口味越来越重，吃的菜品越来越辣、越咸、越腻，喝的茶越来越浓、越香、越烈，我们已经失去了品味清鲜的能力。品饮龙井茶是需要一颗宁静的心的，奇怪的是，一位追求形式的盛世帝王，却能成为龙井茶的知己，这确实让我对乾隆有了全新的看法。

然而，龙井的美好不是每个人都能那么深刻的理解，在世间，有的时候我们确实也需要利用一下形式的东西，而最好是把它变成一种仪式。这一点，乾隆显示出了他更高明于常人之处。

从乾隆十年开始，在以前宫内茶宴的基础上，乾隆皇帝在正月的某一天都会在重华宫开设"三清茶"宴。三清茶宴固定的地点就是在重华

饮·合德

不负舌尖
不负卿

清乾隆御题诗斗彩杯

乾隆题诗

清斗彩五伦茶具－
君臣父子夫妇兄弟

乾隆三清茶：
松子、佛手、桂花

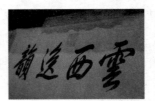

宫，在乾隆是皇帝时如此，在他是太上皇时也如此，甚至在他驾崩之后，嘉庆、道光、咸丰等皇帝也是如此。茶宴的人数也较为固定，刚开始是18人，效仿唐太宗登瀛十八学士，后来是28人，对应天上的星宿之数。这28人都是为人所羡慕的，因为只有宠臣才能中选。而能够成为宠臣，最起码要有一定的修养学识，才能在三清茶宴上圣恩更隆。

但不管这些人如何受宠，三清茶宴的主角永远是三清茶。三清是哪三清？梅花、佛手和松子。乾隆帝曾做《三清茶》诗：

> 梅花色不妖，佛手香且洁。
>
> 松实味芳腴，三品殊清绝。
>
> 烹以折脚铛，沃之承筐雪。
>
> 火候辩鱼蟹，鼎烟迭生灭。
>
> 越瓯泼仙乳，毡庐适禅悦。
>
> 五蕴净大半，可悟不可说。
>
> 馥馥兜罗递，活活云浆激。
>
> 偓佺遗可餐，林逋赏时别。
>
> 懒举赵州案，颇笑玉川谲。
>
> 寒宵听行漏，古月看悬玦。
>
> 软饱趁几余，敲吟兴无竭。

但不是只用这三清煮水，三清茶的基底仍然是上好的龙井茶，烹茶的水是头年存的雪水。能享受贡茶，而且是这么一种隆重私密的形式，确实是非常令人羡慕的。茶宴茶宴，虽然带了一个"宴"字，却没有任何酒肉菜品，只配一些点心、饽饽，还都是清淡的。随送的也都是歌舞、诗词，倒真的是清雅。

三清茶宴还有一个规矩，就是喝茶均用乾隆命令御制的三清茶瓷质盖碗，上面烧制有乾隆《三清茶》诗。今日世上虽无三清茶宴，倒还能看到这青花三清茶碗，平添追古之思。

何以永年，吾斟永春

我去看马克西姆的贺经理，贺经理送我几盒永春佛手。

真好，我还没喝过永春佛手。

开了真空包装的小袋，看到的茶好像比其他的茶量少，可是颗粒很大，重结紧实。色泽是绿而乌润的，还能看到有红褐的色点。闻一闻干茶，倒是不那么香，用烫过的茶壶捂了一下，仍然是沉稳的香。烧了矿泉水，冲泡了几遍，茶汤是黄亮而晶莹的，香气依然说不上高扬，可是我却真的喜欢。

对待茶香，也许大多数的茶客都有一种矛盾：希望有浓郁的香气，可是一旦香气过于高扬，要么是茶里面添加了香精，要么就会是在制茶时为了追求香高，而损失了茶深刻的韵味。以香气而著称的台湾乌龙茶，大部分是以损失茶汤的厚重为代价的，这种代价有的人认为值得，有的人，比如我，感到很惋惜。茶香和茶韵是不能分开的啊。没有茶香，茶韵无

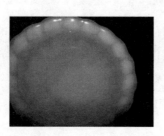

处可觅，可是没有茶韵，茶香就无枝可依。什么是好茶？从某种意义上来说，是香和韵能够平衡的茶。我自己觉得台湾的杉林溪茶，云南的蛮砖普洱茶，岩茶里的水金龟，红茶里的滇红、川红等都能做到，而现在我又发现了永春佛手。

永春佛手的香气是隐忍的，但却丰厚、高洁而细腻，带着明显的近似于香橼般的香气，香气雅而茶韵正。为什么说"正"？就是它的韵味浓而不邪，强而不烈，稳重绵长。因为韵味好，所以香气回肠荡气，走通四肢百骸，令人非常舒服，而不是受到香气的刺激。

根据永春民间传说，佛手茶源于铁观音的故乡安溪金榜山村骑虎岩寺，已有数百年的历史。当时寺中有位老和尚，喜欢品茶和种植佛手柑。一天，他突发奇想：如能让茶有佛手的香味该多好！于是试着剪下几枝大叶乌龙茶树的芽穗，嫁接在佛手柑树上，成活后，制成的茶叶果然有佛手柑的风味，和尚便名此茶为佛手茶。

这个传说我是不太相信的，毕竟佛手和茶树是两种完全不同的植物，这样的嫁接能否成功或者说是不是现实都是个问题。推论来看，今天的永春佛手茶并非是将茶苗嫁接在佛手柑上产生，而应该是一种极为古老的茶树品种。根据宋代茶书《东溪试茶录》所记，当时就"有柑叶茶。树高丈余，径头七八寸，叶厚而圆，状类柑橘之叶。其芽发即肥乳，长二寸许，为食茶之上品。"《东溪试茶录》所记之茶主要是北苑之茶，地处闽北腹地建溪支流东溪一带，宋时名盛一时，后来也成为御茶园。这种柑叶茶何时何地由何人传到安溪去，现在已不可考，但应该与永春佛手茶属同一品种。但是还有一个不同之处在于：宋时北苑的柑叶茶树形较为高大，属小乔木形；如今的永春佛手属灌木形。不过，因为长期的环境和栽培方法的变化而产生的树形变异，在茶树间倒是十分常见的。

佛手茶的另一个最大特点是具有特殊的保健作用。大部分的茶类虽然可以促进肠道蠕动，提升人体的消化功能，但是茶碱浸出物对胃还是有一定的刺激。可是永春佛手却能够养胃，而且对支气管哮喘及胆绞痛、结肠炎等疾病也有明显的辅助疗效。福建中医学院药学系吴符火、郭素华、

贾铷等人曾对佛手茶试验研究作过题为"永春佛手茶对大鼠实验性结肠炎的疗效观察"的实验，结果显示，佛手茶可明显缩短大鼠拉黏液便和便血时间及大便恢复成形的时间，局部炎症亦提前得到恢复，提示佛手茶对结肠炎有一定的治疗作用。而在当地，永春佛手一直是民间上百年来治疗胃肠炎的一种妙药。

永春佛手不仅香气悠然，韵味雅正，看来还是一种很好的保健佳品。"盈缩之期，不但在天；养怡之福，可得永年。幸甚至哉，歌以咏志。"

凤兮凤兮向日朱

凤凰单丛的宋种就剩一点了，勉强凑成一泡。"宋种"是个概称，表示茶树老，类似于"飞流直下三千尺"，不能完全当真。

我记得外国人很看重老藤葡萄，因为酿出的酒格外醇和。葡萄树龄的大小，跟酒的质量有着很直接的关系，使用树龄越大的葡萄树产出的葡萄，酿出的葡萄酒质量就越好。因为树龄越大的葡萄树，根系就越发达，可以从地下吸收到更多的物质。但是葡萄的老藤有个限度，超过100年的葡萄树产量锐减，品质也开始走下坡路。

这和中国茶又不同。中国的老茶树基本都是老当益壮的，普洱茶中几百年的老树不少，而且品质上佳。潮安县凤凰乌岽山所产的凤凰单丛茶，则是乌龙茶品种中别枝的佼佼者。据传南宋末年，宋帝兵败南逃，路经凤凰乌岽山时口渴，侍从采摘一种树叶烹煮，饮之止渴生津，遂称该树为"宋种"。此后，"宋种"在当地广为栽植，现在凤凰乌岽山上已生长几百年的茶树随处可见。其中最大的一株"宋种"后代"大叶香"，树围1.07米，树高5.3米，树冠披张成半圆形，占地面积38.7平方米，枝丫交织，浓密繁茂，摘茶者上树只闻笑语不见人。据测算，该树龄已有620年，现仍年产高档凤凰单丛茶叶8公斤。

我的这泡宋种凤凰单丛，成茶条索间片间条，呈黑褐色或黄褐色，略显瘦弱。冲泡一定要高温，香气才能舒展。它的香气是开了几日的栀子花混合红薯干的味道，每泡之间略有差异。茶汤滋味浓醇，汤色金黄明亮，耐冲泡。

凤凰乌岽山产的单丛茶，当然不止宋种一种，大多以香气来作为区分标准，但基本都是高香。其中芝兰香单丛、黄栀香单丛、桂花香单丛、

玉兰香单<u>丛</u>、杏仁香单<u>丛</u>、肉桂香单<u>丛</u>、柚花香单<u>丛</u>、姜花香单<u>丛</u>、茉莉香单<u>丛</u>、蜜兰香单<u>丛</u>被称为凤凰十大香型单<u>丛</u>茶。

中国的山，多以龙凤命名，自是民风所喜。而名之"龙"者多象形，名之"凤"者则多有瑞象。我想凤凰单<u>丛</u>之所以一枝独秀，和武夷乌龙分庭抗礼，颇有孤篇压倒全唐之象，和凤凰山是茶树得天独厚的生长之地有很大关系。正是因为凤凰山濒临东海，气候温暖，雨水充足，茶树均生长于海拔 1000 米以上，终年云雾笼罩，土壤肥沃深厚，含有丰富的有机物质和多种微量元素，才形成了凤凰单丛高扬的香气。

我喜欢的凤凰单丛品种还有夜来香和八仙。据说在夜间制作夜来香这种茶的时候，一波一波的香气绵绵而起，而且一波香过一波，故而称之为"夜来香"。我不会制茶，也没有现场观摩过，不敢不信亦不敢全信。但是夜来香的香气不是一下子发散出来，而是随着底蕴的舒展绵绵不断，类似夜来香这种花的香气，却又没有那么令人生腻，这确实是在品饮的时候可以感受到的。

八仙就更有意思了。八仙是把同一种名丛分别扦插在八个地方，因为八个地方的环境条件不同，所以这八株茶树长大后，树形都不一样，可是，不论哪一株茶树，叶片生长的速度却是一样的，能够在同一个时期采摘，并且制出来的成茶，其香气、滋味与母树一样。这种奇妙的状态，和八仙过海一样，不论使用什么法宝和手段，其结果是一样的，故而根据"八仙过海，各显神通"的俗语将这种茶命名为"八仙"。八仙制成的凤凰单丛茶，香气高扬，有明显的白玉兰花般的香气，入口水柔，有淡淡的清香气，是一款在香气、滋味、耐泡程度方面非常均衡而有自己独特特点的茶。

不管哪一种凤凰单丛茶，我在品饮的时候都能感受到它独特的香甜和蜜韵，在无限遐思之中，甚至可以看到凤凰单丛借着凤凰山的吉祥，如同沐浴着霞光的丹凤，正在向着辉煌飞翔。

安吉白茶：宋帝御赐

也许是 900 多年前的一个夜晚，宫廷里燃着龙涎香，宋徽宗赵佶心情大好，安坐在龙椅上，用他那著名的瘦金体挺拔秀丽地写下了《大观

茶论》"白茶"篇："白茶自为一种，与常茶不同，其条敷阐，其叶莹薄。崖林之间，偶然生出，虽非人力所可致。有者不过四五家，生者不过一二株，所造止于二三胯而已。芽英不多，尤难蒸培，汤火一失，则已变而为常品。须制造精微，运度得宜，则表里昭彻，如玉之在璞，它无与伦也；浅焙亦有之，但品不及。"

而9年后，这位以书法、绘画、文玩、格物而著称的风流皇帝，却因为政治上的荒唐，造成金人入侵，把他和他的儿子掳走，囚禁在五国城，过尽屈辱的生活；又过了九年，饥寒病痛交加的徽宗饿死于土坑之中。

人文方面的才情或许是这位皇帝悲惨结局的因素之一，因为他只顾绘画作诗，荒废了国事，但是他的《大观茶论》却成为后世爱茶人必读之书，奉为圭臬。而安吉白茶可以称得上是备受他推崇的白茶的代表。

但是此白茶非彼"白茶"。中国茶里面真正在成茶后称之为白茶的，是福建的白牡丹、寿眉、贡眉等。真正的白茶是不经过炒制的，完全阴干，故而寒性更强。刚制好的白茶不堪喝，但放置三四年就很好了，到了大约七年的时候是最理想的平衡状态，故有"七年白茶是个宝"的俗话。

安吉白茶是白茶树种，在茶叶还刚刚萌芽展叶的时候，叶片是乳白色的，到开面了，才变成常见的绿色。但是安吉白茶使用的制茶方式是半烘青半炒青的方式，成茶属于绿茶。大董师父送了我几罐安吉白茶，这是20多年后我和安吉白茶的缘分。在我七八岁初接触茶叶时，常喝的都是绿茶，比如西湖龙井、霍山黄芽、安吉白茶、顾渚紫笋、太平猴魁。后来却不怎么接触了，哪怕盛名如西湖龙井。

这次的安吉白茶是凤形，细柔精致如凤羽，但是浓郁的茶香显示出不俗的内质，倒真如宋徽宗孱弱荒唐与才情风流交织的感觉。干茶浅碧有白毫，娇细喜人。冲泡之后，香冷如竹叶挂雪，清气霖霖，叶片颜色渐泡渐浅，最后成为莹白带绿。茶汤倾出，清澈而有细毫起舞，莹然清透。

原来安吉白茶的"白"就是鲜啊！我一直不明白的就是明明是绿茶么，为什么非要叫白茶？在品安吉白茶的时候一下子想通了——那是口感的颜色！那种月光照在竹叶上清凌凌的白，那种牛奶般的河水浸透荷叶那般流淌的白，带着植物特有的清气，就是其他的茶"无与伦也"的境界啊。

巴达山茶：烟淡淡兮轻云

　　巴达山的茶应该没有易武的茶那样出名。

　　因为，巴达山的茶是淡雅，恍如高山上流云，那必须知音才能明了；易武的茶是浓郁，香气高扬如庙堂之上的无限荣光，需要的是张扬、直白和不需思索。

　　可是，在今天，人们看重的是"浓郁"。不能怪人们吧，浓郁本身并不坏的。何况在快速、繁忙、无暇停留的现代社会里，也许，只有浓郁才会吸引人。我们的社会走得确实太快了！快得我们来不及沉淀，只在消耗祖宗千百年的根基；快得我们来不及创造，只在一味地模仿和小聪明的"山寨"；快得我们丢掉了儒雅，我们认为成功就是金钱和权势；快得我们甚至丢掉了灵魂，我们膜拜一个人身上的名牌，却不愿意了解他的内心。我又能怎么办呢？自净其心，向那些孤独而内心高贵的人们奉上心香一瓣。

　　淡并不是"寡"，真正的淡雅是根基深厚故而释放的清妙绵长。这是春天采收的巴达山千年乔木茶告诉我的。在三五年内，还没有明显的后发酵的生普洱其实大类上还属于绿茶。绿茶在"快"的时代里，知音难觅。绿茶是茶很原始的状态，也造就不少名品，可是喝绿茶的人越来越少。单单是因为茶的其他品种产品越来越多么？不一定。如果你真的爱它，其实兜兜转转，还是要回到它的身边。是因为我们的爱，变了。绿茶没有黑茶的厚、岩茶的香、红茶的色。它有的只是一捧清泉，要靠停留的人、宁静的心去细细追寻。一如《琴挑》里陈妙常寄托在琴声里的一缕女儿心事。

　　难得的休息时光，焚了一炉沉香，试图把溶溶月光装入心里，以平静红尘心意。没有流泉，也便煮水，却喜还有手绘盖碗，荷花轻摇。慢

慢沏了来，淡淡茶香，却把青梅嗅，
一碗晕黄，齿颊间流淌而过。

　　巴达山的神韵，本来就是要在
淡中去寻。千年的光阴，开始也许
是欣喜、兴奋，慢慢变成无奈、愁
苦，后来发现更难忍的是寂寞，然
而时间长了，总归化成波澜不惊，

2008年巴达山千年乔木

原来是甘苦自知，何须多言？

中国人的性格不是不浓郁、不是不热烈，街头寒风中哪缺手持玫瑰的小儿郎？一腔心事，红艳艳的烧了自己，也烧了旁人，任它在光天化日下表露。可是，这炽烈要靠多少心力堆积？天天燃烧，恐难长久。中国人心底里追寻的是这茶里的平淡韵味，那是安定的味道。那执手相牵、那目光一错的心花飞舞，才能白头吧？

"烟淡淡兮轻云，香蔼蔼兮桂阴。叹长宵兮孤冷，抱玉兔兮自温。"广寒清冷，最宜饮茶。且饮一杯茶去。

白鸡冠：不逊梅雪三分白

我很佩服中国古人对美的敏感，对茶的深知。四大名丛在武夷八百岩茶名丛中果真是不可比拟的。但这四大名丛本身，也是各有特点。我最爱水金龟，可是铁罗汉的药香、大红袍的馥郁也让我难以割舍。还有，就是白鸡冠的清雅。

白鸡冠原产于武夷山大王峰下止止庵道观白蛇洞，相传是宋代著名道教大师、止止庵住持白玉蟾发现并培育的。相比清朝才出现的大红袍和水金龟，已经算是前辈。

白鸡冠为白玉蟾所钟爱，是道教非常看重的养生茶之一。白鸡冠应该为白玉蟾所培育，也只能为白玉蟾所培育。白玉蟾是道教南宗五祖，身世大为神秘。

据史书零星记载，白玉蟾幼年时即才华出众，诗词歌赋、琴棋书画样样精通。后来更是四处游历，师从道教南宗四祖学法，得真传。对天下大势和苍生之命运亦有高见。26岁时，专程去临安（杭州）想将自己的爱国抱负上达帝庭，可惜朝廷采取了不予理睬的做法。而大约同时，

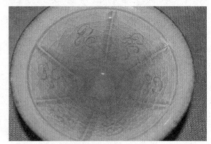

　　道教北宗全真派长春真人丘处机果断地选择了向铁木真进言，铁木真未采纳，但尊崇丘处机有加，并且暴政有所收敛。白玉蟾也许并不重要，他一己之力不足以改变历史的走向。然而，从两个人不同的机遇来看，已经能够得知两个朝代的兴衰奥秘。

　　也许受到了打击，白玉蟾放弃了救国热望，但依然四处游历，并很长一段时间都住在武夷山止止庵。他对自己的书法和绘画是非常自负的，然而他自己又承认这些对他来说还重不过他对茶的热爱。

　　白鸡冠茶树叶片白绿，边缘锯齿如鸡冠，又为白玉蟾培育，故得此名。轻焙火后干茶色泽黄绿间褐，如蟾皮有霜，有淡淡的玉米清甜味。一般主张白鸡冠煮茶品饮，气韵表现更为明显。我没有煮茶铁瓶，还是冲泡。

　　茶汤淡黄，清澈纯净。闻之香气并非浓烈，可是鲜活，如蛟龙翻腾，由海升空，翻转反复。白鸡冠的茶汤甘甜鲜爽，和水仙类似，但是香气是次第绽放，每泡之中皆有花香，持久不绝，余香袅袅。叶底油润有光，乳白带绿，边缘有红。

　　白鸡冠是岩茶中的一个奇迹——既甘甜又丰沛，如同它的创始人，不仅秀外还能慧中，内外兼修，实在是难能可贵。白玉蟾在36岁的盛年，不知所终，历史记载中再也找不出关于他的一言半语，只留下这虽然秀丽但是骄傲地站立于武夷山峰上的白鸡冠，清气满乾坤，风姿自绰约，天际间回响，绵延不绝。

半天妖：不可捉摸之香

　　中国的很多事，没办法说"最"字，而且我认为追求"最"也毫无意义。我看了很多地方的最高楼，只觉得如同暴发户不知道怎么炫富才好，只能把丑陋公之于众。

　　好多人问我"最喜欢的茶"，我有喜欢的，但没办法比较啊，何谈

"最"？拿乌龙茶比普洱茶，它也没有可比性。要说，我还真挺喜欢岩茶的。生平有一奢望——喝遍武夷八百名丛。自己也知不可能，一方面自己德行不够，另一方面，确实有好多失传的。我其实已经算是能够搜罗奇珍——什么正太阳、正太阴、九品莲、金钱叶这些小众茶我都喝过了，那也离八百之数遥遥无期。

八百名丛里，前四位的排序，茶友们基本无异议——大红袍、水金龟、白鸡冠、铁罗汉。这些年又演变成"五大名丛"，加一个半天妖。

早就听说过"半天妖"的名号，可惜一直未能得饮。七茶斋的总版主太极兄来郑（当时我在郑州工作）送我一泡，后来在郑州茶博会见到七茶斋的出资人往风兄，又喝到他只作为让茶友品饮的半天妖。

半天妖确实恰如其名啊！

半天妖最早叫做"半天鹞"，传说中，是一只小鹞子被鹰追击，躲逃不过，落地化为茶树而来。传说虽然神奇，但神怪力乱，终为不雅。后来因为此名丛生长在半山腰，也曾叫做"半天腰"，此名虽然实在，却也太过俗气。我原来喜欢把半天妖写作"半天夭"。因为总是想起《诗经》里"桃之夭夭，其叶蓁蓁"的句子，脑海里便把半天夭想象成茂密繁盛的样子。这次喝完了半天妖的茶汤，才发现果真还是"半天妖"这个名字最适合。

它的香气真的是捉摸不定啊，不像水金龟那般如梅花般高洁之香，而是飘忽中带了几分妖娆，又带了一丝妖艳。这半天腰上所长的"夭夭其华"的茶啊，喝在嘴里，却如同一朵花开在心上，而你的心也如同不安分的小鹞子，翻着跟头飞到云霄中去了。

七茶斋半天妖品鉴：

干茶：

深褐有霜，带有复合的果香，描摹如烤杏仁、熟板栗、苦咖啡等，香味精致、细腻、莹润，也有梨、香草与奶油般的温和芬芳。

茶汤：

橙黄亮纯，明澈香扬，带着明显的花果香。口感力度与顺滑和谐无瑕，茶汤内质丰富、滋味爽醇，香气鲜明馥郁，回甘清甜持久。但不算耐泡，第五泡后水味明显，内质已薄。

叶底：

绿而柔韧，边缘或有红边或有红色斑块，略有香气。

布朗山茶：天上神苗，山地之精

天上美丽无比，

大地却一片混沌，

茶树是万物的阿祖，

日月星辰都由茶叶的精灵化出。

天上有一棵茶树，

愿意到地上生长。

下凡要受尽苦楚，永远也不能再回到天上。

帕达然大神知道茶树的心意坚定，

一阵狂风吹得天昏地暗，

撕碎茶树的身体，

一百零两片叶子飘飘下凡。

天空雷电轰鸣，大地飞沙走石。

天门像一只葫芦打开，

一百零两片茶叶在狂风中变化。

单数叶变成五十一个精干的小伙，

双数叶化为二十五对半美丽的姑娘。

——节选自德昂族创世古歌《达古达楞格莱标》

  云南是普洱茶的故乡，高高的布朗山创造了很多令人向往的好茶——班章、曼囡、老曼峨都是名寨出产的茶，而没有固定寨子的茶园就统称为布朗山茶。

  我喝茶是很杂的，什么茶都喝。一次，和一位福建的茶友聊天，他觉得普洱茶没什么工艺，很简单，乌龙茶才有真正的技术。我知道，他爱的是铁观音。其实，我承认，云南普洱茶的制茶技术是简单的，可是制作普洱茶的人们对茶的热爱不逊于任何制作其他茶的人们的。我原来和很多茶友一样，把喝茶当成一种消闲，可是，制作和饮用普洱茶的各族人民，他们是把茶当成生命一样来看待的。藏族同胞说："加察热、加下热、加梭热（茶是血！茶是肉！茶是生命！）"，这是热爱茶的最炽烈的呐喊。而在高高的布朗山里、茫茫的攸乐山中，布朗族、德昂族、傣族、傈僳族、佤族……的同胞们，都把普洱茶当成自然的图腾。这是怎样的一种激情，他们知道茶叶是自然的化身，他们把对自然的崇敬和尊重化在了对茶叶的敬畏之中。我是在布朗山晒死人的烈日下、下雨后泥泞危险的山路上、少数民族同胞们烤得浓酽的茶汤中感悟这一切的。也

许，没有多少加工技术的普洱茶，传达的却是大地最朴实、最炽烈、最酽厚的气息。

想到这些的时候，手里正好有一泡2009年春天产的布朗山生饼，干茶粗壮遒劲，扭曲中绽放着生命的力量。冲泡时迅速地出汤，茶汤很快就会黄亮。入口是浓烈的茶气和淡淡的烟味，苦感也重，然而却迅速地化开，成为不可言喻的甘。满嘴生津，气冲会元。

德昂族创世古歌《达古达楞格莱标》还有

一段是这样的："茶叶是崩龙（德昂）的命脉／有崩龙（德昂）的地方就有茶山／神奇的传说唱到现在／崩龙人（德昂人）的身上还飘着茶叶的芳香"。我想，爱茶只是一种表示，只要我们永远保持对自然的尊重和爱，这茶香就将永远萦绕着我们，生生世世护佑我们的心灵。

川宁红茶：皇室光环下的经典之香

一首英国民谣这样唱道："当时钟敲响四下时，世上的一切瞬间为茶而停！"茶的魅力不仅影响了中国，还横扫了整个英伦。

英国人喝茶也有自己的讲究。作为川宁公司的第十代传人，斯蒂芬·川宁就把自己一天的喝茶时刻安排得丰富多彩——每天早上刚起来或者吃早餐时，喝的是川宁的英国早餐红茶，因为它有提神醒脑的作用，同时它的配料和英国人早餐所吃的食物是非常搭配的；早餐之后到中饭这段时间，通常喝大吉岭红茶和精品锡兰茶；在午餐的时候，通常喝的是豪门伯爵红茶和仕女伯爵红茶；在下午，通常喝花果系列的产品。而对茶的选择，还要看当时的天气情况以及个人的心情。天气阴冷时，如果觉得有必要给自己提一提神的话，还会喝一杯英国早餐红茶。在晚餐之后，喝的茶一般来说是花草系列的，比如说沁心薄荷叶、柠檬柑姜、

香宁甘菊茶……因为这些茶不含咖啡
因，所以不会影响晚上的睡眠，但又具
有很好的镇定安宁的作用。而在炎炎夏
季喝上一杯冰茶会很不错。而泡冰茶呢，
有点小的窍门，刚开始泡冰茶和泡热饮
是一样的，但是为了有提神醒脑的作用，
需要将它的浓度增加到平时的两倍，然
后让它慢慢地冷却，再加一些冰进去，
冰茶就泡好了。

　　说到这些的时候，我甚至可以想象，
茶让这个英国男人更加优雅。而川宁，

是英国皇室御用的茶厂，也是英国顶级红茶的代表品牌。这让我在品饮川宁红茶的时候也不由地文雅起来。

常喝的还是川宁的仕女伯爵红茶和格雷伯爵红茶。两者一样，都是加味茶。仕女伯爵红茶除了茶叶之外，添加了橙子和柠檬的外皮，还有一些香精，而格雷伯爵红茶，加的是佛手柑。而茶叶，川宁特别强调是中国红茶，以此体现品牌的高贵和正宗。把茶包放进茶杯，特别选了气泡丰富的溶洞泉水，冲下去清新宜人的香气立刻泛起，弥漫了整个办公室，仿佛来到了到处种满柠檬树的花园。汤色倒不是特别的红亮，带有橙色，但是诱人的茶雾缥缈浮动，令人浮想联翩。

川宁以它百年的传世之香，在我的生命里留下了一个美丽的下午，让我心中充满了感恩和幸福。

大禹岭茶：幽芳独秀在山林

迄今为止，台湾乌龙茶里我最爱的是杉林溪和大禹岭。

台湾茶是以高妙的香气而出名的，但是为了追求这种香气，需要采取轻发酵、轻焙火的方式制茶，如此制成的茶大部分的茶汤都不够有回味。传统普洱是重焙火的，历经一番磨难，香气厚重而茶汤也更浓酽。有的时候我觉得，台湾茶为了香气而损失质感并不太值得，除非茶种本身有肥厚的内容。杉林溪和大禹岭的茶就是这样，这两种茶都有山林之气啊！

杉林溪更多的是冷杉林春深幽然的幽冷况味，而大禹岭更多的则是兰香泠泠绕山林的男人香。

大禹岭到底在哪里呢？大禹岭在台湾中央山脉主脉鞍部，南北介于合欢山、毕禄山之间，东西介于梨山、关原之间，为立雾溪和大甲溪两水系流域的分水岭。去我非常喜欢的太鲁阁景区就要从大禹岭经过。经行的中横公路在当年施工时，因为当地是碎岩地质，非常容易剥落，所以修建的难度很大，蒋经国去视察时，感叹工程之苦堪比大禹治水，于是把此地命名为"大禹岭"。

这泡茶是安安送的，装在精致的小金属盒子里，上面还压制了一行字——"安安的台湾茶"。茶是冬茶，大禹岭的冬茶基本上要每年10月之后采收，岭上已经非常寒冷，甚至还会下雪，采收非常辛苦。但是也保证了茶内质丰沛，韵味独特。

对待这样的茶，要格外用心。紫砂壶选了洪华平手工制作的美人肩，这是一把烧成颜色棕中泛紫的超高温壶，壶体上已经烧出

点点铁晶，从造型上来说茶叶在其中也会有不错的浸润空间，我想更有利于发散大禹岭茶的特点。水还是农夫山泉，我采取了高冲法冲泡，也是想看看到底这款大禹岭茶的内质如何。

倾出泠水接天月，蜜绿已在玉盏中。茶碗里的茶汤蜜绿厚重，香气隐忍。我其实并不认为香气高扬就一定好，我年纪愈长，反而更喜欢香气绵长、悠然而至的感觉。这款大禹岭茶香气似幽兰，且带暖春花意，茶汤顺滑饱满，虽有苦感，旋即消散。

喝完茶，再观叶底。叶片长大、厚肥，叶缘锯齿清晰稍钝，闻之微有暗香。老话说：梅花香自苦寒来，大禹岭茶也是一样吧？非经寒苦，不到化境，人生亦然。

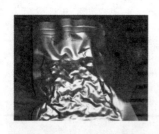

泡碗滇红供养秋天

　　泡红茶，我还是喜欢用瓷质或玻璃的盖碗。瓷质盖碗本身的绘画风格并不重要，如果是粉彩，正好配了红茶的艳丽；如果是青花，正好用清新衬托红茶的红亮。玻璃的也好啊，仿佛盛着一碗红宝石。陶器我就不喜欢，太稳重，不适合红茶活泼的感觉，又容易夺红茶的香气，故而我只用陶器泡普洱或者铁罗汉之类的茶品。

　　而在红茶里，我最喜欢的是滇红。滇红当然是产自云南，以凤庆的最为著名。元朝建立时当地少数民族主动归附，故而命名为"顺宁"，这个名字直到1954年的时候才被改成如今的"凤庆"。顺宁红茶创制于20世纪30年代，享誉英国和东南亚。

　　其实红茶我喝过的品种不少，以前也品尝

第三泡

过骏眉，我自己认可中国茶精致化、高档化的发展方向，但是并没有觉得骏眉的优秀有多么的超乎想象。金骏眉完全使用芽头，其实就像大吉岭初摘，风味已成，风韵仍淡。现在基本上成了一个小系列——金骏眉、银骏眉、铜骏眉，后两种在武夷当地又被称为大赤甘、小赤甘，是以芽头的用量多寡来区分的。金骏眉的香气层次感不错，但是并没有觉得香气多么高扬，并且也不算持久；银骏眉香气稍微弱一些，茶汤喝起来觉得并不是很厚重，也极不耐泡。

倒是滇红，符合我对红茶的一切想象。外观上，滇红的金毫很多，尤其是滇红金芽；色泽上，滇红的金毫有的亮若黄金，有的灿若秋菊；香气上，滇红茶汤有蜜香、花香还有一些木香，而且香气高扬，经久不散；茶汤的颜色，盛在白瓷盏里，橘黄温暖，盛在玻璃杯中，深沉红浓；叶底舒展，色泽红黄均匀。最好的是入口，内质丰富，仿佛会有黏稠的感觉，饱满而顺滑。

秋风肆虐的北京，我冲了一碗滇红，突然觉得这滇红最适合秋天。一样的内质厚重，一样的色彩浓郁，不如就用这碗滇红陪伴秋天吧。

东方美人：也许是场误会

　　我曾经很固执地不喜欢"东方美人"，因为它是个怪物——它实际上在台湾被称为"白毫乌龙"，但是它的发酵程度明显偏高，更像红茶，叶底也是红色，完全不像传统的乌龙茶，红色在叶底上只是斑块或者边缘条带。

　　七茶斋组织台茶的品鉴活动，其中就
有一款东方美人。在品鉴的时候，当次的台
湾红茶、梨山、四季春都不怎么出彩，倒是
这款东方美人引起了我的注意。因为它的外
形是我喝过的东方美人中最好的一款——蜷
曲柔美，颜色斑斓如九寨沟的秋天，绿、褐、
红、黄杂彩缤纷。

　　冲泡的茶汤色泽非常漂亮，入口也觉
顺滑，但是香气蜜意很差，红薯干般的味
道倒是很突出。觉得诧异，仿佛这么好的
外形不应该表现如此之差。看到还有一点，

我便从茶会带回了家。查了一些资料，都强调泡东方美人水温不能太高，80～90摄氏度，闷泡30秒，而我们是按照传统泡乌龙茶的手法冲泡的。重新来泡，果然，茶汤的香气中略微带出一点果子发酵后的蜜意，对得起"东方美人"的称号。

由此，我突然想到了黄宾虹。黄宾虹早年学新安画派、四王，风格疏朗雅致，然而脱不开文人画本的风格和框架，后来他开始向自然界学习，浓墨披皴，画面硬朗，风格为之大变。在他晚年时期，所谓衰年变法，又尝试着把点彩融入到水墨之中，画风大气之中凸显绚烂，绚烂至极反照平淡。曾经，我们因为读不懂黄宾虹，对他的作品并不关注。听说，虽然黄宾虹与齐白石号称"北齐南黄"，也被国家赋予很高的荣誉，但是很长一段时间人们对他是不认可的，甚至在他故去后，他的遗作都没有机构进行收藏，只有浙江博物院因为仓库有空闲，才接受了他几百件作品。而现在，这些作品都成为了稀世珍宝，也成为我们理解黄宾虹和与他真正对话的线索。

东方美人也是这样，它的来历和小绿叶蝉有很大的关系。小绿叶蝉原本属于茶园害虫，在四川、台湾、福建茶山防治小绿叶蝉的危害是一项很严峻的工作。小绿叶蝉虽然小如针尖，但是它所危害过的茶树，会出现幼叶及嫩芽的色泽呈现黄绿色的现象，影响茶叶成品的外观。而严重时会导致茶芽停止生长，终至脱落。即使勉强制成包种一类的茶叶，也会产生很大的异味。也许是偶然，也许是心疼茶青，某次被小绿叶蝉侵害过的茶叶被制成了成品茶，却成为会散发出迷人的蜜味香气的特殊茶类，一时身价大涨，茶农奔走相告，大部分人都不相信，闽南语说吹牛的发音为"膨风"，这茶就落下了"膨风茶"（椪风）的名声。

这是不是制茶的一次"衰年变法"？我到现在都不知道这种变化是好是坏，但是我在学着接受变化，也许是命运的，也许是生活的，也许，是茶的。

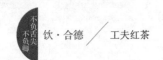

工夫红茶

红茶起源于中国，为全世界所喜爱。红茶之中，标榜茶种稀缺的，称之为"小种红茶"，比如正山小种；说明精工细作，工艺复杂很费工夫的，叫做"工夫红茶"。我有的时候看见有的茶包装上写"功夫红茶"，立刻觉得很有购买的必要——喝了就能长武功，实在是不用自宫的《葵花宝典》也。

中国产红茶的省份很多，我自己较为喜欢的工夫红茶有白琳工夫、川红工夫和英红工夫。

白琳工夫一直让我印象深刻。一是因为它的名字别有一番华贵之感，二是它的汤色红中带着艳，橘红的特点明显。白琳工夫产自福建省福鼎县太姥山白琳一带。太姥山地处闽东偏北，与浙江毗邻，地势较高，群山叠翠，岩壑争奇，茶树生于岩间密林之中，得山岚之气滋养，芽叶挺秀，毫毛细密。而说到白琳工夫的制作，1851 年清朝学者董天工编纂的《武夷山志》中已有工夫红茶的明确表述，而大概 20 多年后，祁门借鉴了这种技法，生产出了后来享誉世界的祁门红茶。

白琳工夫

白琳工夫　　　　　　　　　　　　　　川红

　　制好的白琳工夫，干茶带有淡淡花香，色泽乌润，比较不同的是金毫。其他的红茶金毫多是金亮如黄金丝，白琳工夫的金毫带了橙色，是玫瑰金般的色彩。白琳工夫的茶汤，橙黄中带有橘色的艳丽，如果是在白瓷茶盏里，茶汤与杯壁结合产生的金圈，色泽也是橘红色。叶底柔嫩，红色泛橙，闻之香气依然底蕴强劲。

　　到天府之国去也不错，除了蒙顶茶还有川红工夫。四川多高山，山珍无数；四川多大泽，水鲜众多。四川有下里巴人，大街上麻将声声；四川也有文人雅客，杯中常换各色名茶。

　　四川的茶，声名远播者众。绿茶里的峨眉雪芽，带着峨眉山金顶的佛光；竹叶青带着山间的清露，陈毅元帅曾赞不绝口；而蒙山上的茶园，曾经在很长的一个时期里是御茶园；康砖远销藏边，十世班禅大师多次称赞。就连不是茶的茶，四川也有品质绝佳的苦丁，街边饭馆里白送的老鹰茶，都是降火消食的妙物。

　　可是，在很长的时间里，我竟不知道，四川也是产红茶的，而且让我饮过之后实难忘怀。

　　去马连道逢老师那里，饮的是大吉岭二摘，品质最稳定、香气最浓郁的"年纪"。喝过之后觉得意犹未尽，看见尼尔吉里的红茶，却没什么兴趣。这个时候，逢老师拿出了川红。我初还不认得，只是觉得金毫特别多，金灿灿的感觉。

便要了来喝，香气浓郁，内质浓厚，堪比滇红；汤色虽不能称红艳，可是橙里带红，清澈明亮。看看叶底，粒粒如笋，饱满紧实。便问逢老师，此是什么红？川红。此话当真？哪个骗你不成？

来自雅安的川红，果真不负一个"川"字，绵延了富庶山川的惊喜。

还有一个富庶地，也产好的红茶——广东英德。英德红茶里，我最爱英红九号。英红九号是阿萨姆种和英德红茶的杂交品种，干茶金毫显露，汤色红浓明亮，通透清澈，仿若最好的阿萨姆斯瓦纳茶；且香气浓郁高扬，美妙的花蜜香，又可以和上等的滇红工夫媲美。

英红九号略微有点苦涩，加了糖和奶来对冲，温暖贴心，可以度过一段属于自己的发呆时光。

英德九号

广云贡之美

　　我心情不好的时候，却往往有茶缘。我们佛教徒说别人永远不能给你真正的烦恼，除了你自己，因为你的内心不安定；而道家说福兮祸之所伏，祸兮福之所倚。世事大抵如此吧，本来也不抱太大期望，而且是假装积极的应对，结果这一泡老茶，给了我意境大美。

　　因为是盲品，我无从调动脑海里的经历体验。更好地用心去感受吧。冲茶的水并不理想，是郑州本地的深井水，原来冲泡茯砖的时候我很喜欢用，很适合茯砖的味道；可是后来水质变得土腥味越来越大。没办法，我本身还在四处飘零，奈何一瓢饮？趁着烧水，观察干茶。灰褐沉寂，但是依然挺隽，颜色上的孤清掩饰不住铮铮铁骨。等到冲泡，茶汤迅速变成橙黄略红，可是依然通透明澈，仿若深藏千年的琥珀，在宝光黯淡之后温润之气却愈发内蕴。虽然从茶汤上能感觉到这款茶已经干仓存储十年以上，却仍能感受到易武大树纯料那种独特的香气和浮云流涌的茶气。我用盖碗连续冲泡了十几遍，真是欲罢不能。可是又总觉得和易武纯料茶饼有什么说不出来的不同，一时费解。细观叶底，叶底的持嫩性很好，弹性十足，仍能看出叶片的绿意，间或有红褐的转化。香气是隐隐的粉香和荷香相交织的味道。

这到底是什么茶饼呢？网上茶友告知了答案——是 20 世纪 90 年代的广云贡饼。原来如此！

广云贡系出名门，又别开一枝。20 世纪 60、70 年代，东南亚华侨对普洱茶的需求量很大，而当时只有广东茶叶进出口总公司有出口权，所以经上级协调，广东茶叶公司从云南调集了一部分普洱茶青，加上广东和广西的茶青拼配成了一款黑茶，基本用来出口。等级比较低的茶青基本以散茶形式出口消耗掉了，而好的茶青被压制成了饼茶。这些饼茶在包装上打破了普洱茶以竹箬叶子包装的传统，而改以韧性极强的土黄色油光纸包装。标记方面，把原云南茶叶公司的"八中围茶"标志里的"茶"字改为绿色，标明"中国广东茶叶进出口公司"及"普洱饼茶"字样，大标宋正体，排列图案与勐海茶厂的大字绿印相似。最主要的，茶青既有来自云南的又有来自两广的，而制作方法虽然与云南普洱茶一脉相承，

1998年广云贡

但毕竟会有微小的变化，再加上广东天时、地利、人和的渗透，所以成茶味道上佳，一时无两，华侨们亲切地称其为"广云贡饼"。

但是到了1973年，云南茶叶公司自身取得了出口权，广云贡饼的生产受到了影响，甚至中止，基本上属于定制才会生产和加工。这个也是不同年代广云贡饼口味特点不同的主要原因——20世纪60年代的广云贡饼因所含云南大叶种原料较纯，所以野樟香味较浓，口感丰富，汤色也红艳明亮；而70年代的广云贡，由于云南当时已经可以自行出品，所以茶青原料也就较少配到广东压制，因此茶饼中的云南大叶种原料的比例自然也就降低了。70年代广云贡的口感较60年代相比，自有另外一种清新纯正之感，可是在内质上还是差了不少，其味微酸清甜、水性薄而顺，喉韵呈略干燥的感觉。

具体到我品的这款茶，是1998年马来西亚定制的。采用易武大树茶制作，而且转化的很理想。能在身飘零、心凌乱之时品尝到如此好茶，不由安定下来，而安定的心才会逐渐开化自性的智慧。我想，茶之所以重要，更在于此吧。

芳华翠绿和雨露

这几天突然很想喝花茶。我的身体明白无误地告诉我，春天来了。去买张一元的茉莉小茶王，居然一斤才200元。我认真地看着售货员用纸包称茶、装筒，茉莉花的香气交织着浓郁的茶香，在整个店里弥散开来。

很多人以为花茶不好，有点看不起喝花茶的人。其实，花茶不能说不好吧，作为一个独立的茶类，它会给人类很多惊喜。倒是现在叫的这个名字有点俗——"花茶"，给人一种大红大绿的感觉。在明清时候，花茶是叫做"香片"的。这个名字就给人联想了——香雾氤氲，随处成云。

　　但说茉莉花茶，也是很费工夫的。茉莉花不能选开放的，开放的茉莉花香气已经弱了，只要那些才张开一两片花瓣的；茶里不能加任何香精，就是靠茶叶本身吸收茉莉花的香气。一遍是不够的，所以窨过了，要把花朵全都挑出来，再换一批新的花接着窨。如此反复至少三遍，称之为三窨三提。而特别优质的茉莉花茶甚至会七窨七提！最后一遍，花干提的越干净越好，除了碧潭飘雪，花干太多的茉莉花茶反而是比较劣质的。

　　喝花茶也是雅事，很多文人名士还自己制作个人喜欢的花茶。元朝大画家倪云林尤其喜欢花茶。明朝顾元庆撰《云林遗事》中记载有倪云林制作莲花茶的过程，虽显烦琐却让人很想亲自一试。书中说，倪云林在清晨刚出太阳的时候，到莲花池找到花苞刚开的莲花，用手指拨开，入茶于莲花中，麻绳绑好，次日连花一起摘下，用茶纸包裹晒太阳至干，重复三次即可得到香气清妙的莲花香片。

　　而在他之前，有关花茶的最早记载是在宋朝。黄庭坚写过《煎茶赋》，里面说道："又曰：寒中瘠气，莫甚于茶。或济之盐，勾贱破家，滑窍走水，又况鸡苏之与胡麻。涪翁于是酌岐雷之醪醴，参伊圣之汤液。斮附子如博投，以熬葛仙之垔。去薮而用盐，去橘而用姜。不夺茗味，而佐以草石之良，所以固太仓而坚作强。于是有胡桃、松实、庵摩、鸭脚、贺、靡芜、水苏、甘菊。既加臭味，亦厚宾客。"意思就是说那时候喝的茶里面经常添加胡桃、松果、罗汉果、薄荷、苏桂、甘菊等，不仅增加了茶的香气，也让宾客感觉到备受重视。

　　这种做法也和宋朝的茶叶形式和饮茶方法有关，不过起码说明加料喝茶并不矛盾。现代人关于花茶都是劣质的印象大概来源于一般制作花茶的基茶等级都不是很高。其实很好理解，用已经自成特点、个性明显的茶窨制花茶，不仅没有必要，反而效果不佳。明朝屠隆的《考槃余事》也写到"凡饮佳茶，去果方觉精绝，杂之则无辨矣！"

　　花茶对人体还有一个重要的作用，就是生发阳气、破除孤闷。尤其是在春初，大地复苏，万物萌动，人体潜伏之阳气和自然界之阳气相呼应和，蠢蠢欲动，这时候一杯花茶就是引子，可以调动人体自身的阳气和天时相配合。因为凡是花朵，皆主生发，而在木属，又能滋养。

天地有时序，万物循阴阳，芳华携绿意，香云化雨露。春来了，喝杯花茶吧。

金丝藏香：香笼麝水涨红波

红茶接触久了，才知道，有那么多的品种。

可能滇红、英红、川红、阿萨姆和大吉岭是我比较喜欢的红茶，那浓郁的果香，环绕冲萦，带动神思驰往，一时间物我两忘，不知红尘净土，空色一体。

然而，居然碰上了金丝藏香，坦洋工夫里的奇种。

这名字还真是很贴切，金丝藏香的金毫，几乎满布，堪与滇红媲美，而香气缠绵低回，矜持中充满自负，却给了我一个暗自欣赏的理由。

如果说，普洱是茶里的项羽，充满霸气，那么，岩茶是茶里的关公，武为圣者，文通《春秋》；而红茶，是虞姬、是貂蝉，靓丽容颜、光照乾坤；金丝藏香则是陈圆圆，除却靓丽的容颜，还更有智慧和胸襟。

吴梅村在《圆圆曲》中写道："恸哭六军俱缟素，冲冠一怒为红颜"。这红颜，便是陈圆圆。陈圆圆本为昆山歌妓，初为崇祯帝所选，然而明朝摇摇欲坠，吴三桂以得陈圆圆为保明朝之条件。但军中多有不便，吴三桂镇守山海关，陈圆圆仍留京城。不料李自成兵进如风，攻陷北京，陈圆圆被李自成军队大将刘宗敏强霸。李自成战败后，将吴三桂之父及家中38口全部杀死，弃京出走。吴三桂抱着杀父夺妻之恨，昼夜追杀农民军到山西。此时吴的部将在京城搜寻到陈圆圆，飞骑传送，吴三桂带着陈圆圆由秦入蜀，然后独占云南。

清顺治中，吴三桂晋爵云南王，欲将圆圆立为正妃，然而陈圆圆托故推去，吴三桂别娶。不想所娶正妃悍妒，对吴的爱姬多加陷害冤杀，圆圆遂独居别院。后乞削发为尼，在五华山华国寺长斋修佛。清削三藩，吴三桂在云南反，康熙帝出兵云南，1681年冬昆明城破，吴三桂死，而陈圆圆不知所终。

公元2000年，贵州省岑巩县水尾镇马家寨发现陈圆圆墓，村民共1000余口，皆尊陈圆圆为先祖，祭奠不绝，崇敬之情溢于言表。

对中国人来说，守拙藏锋才意味着长久。

所以，我冲泡金丝藏香的时候，注水非常轻柔。用盖碗闷了一会儿，倾出软玉红香。香气是浓郁的，但是隐忍。前前后后，香气不绝，而且不会前期浓烈，末尾低迷。又泡了两次，依然如初。

看那叶底，轻细柔嫩，你绝想不到其中蕴含了如此强大丰富的内质。脑海里不知怎么涌出两个词，恰好还能凑成一对儿——"上善若水，金丝藏香"。

九华佛茶：大愿甘露

老茶是我郑州的一个朋友，美院毕业，虽说后来没成为艺术家，可是还挺文艺范儿的。有一天老茶拿来一款绿茶，我完全不知道是什么茶。外形如松针挺直，连结又像佛手，绿意盎然，倒有几分像龙形安吉白茶，可是闻起来完全不是一回事。这茶也是老茶的安徽茶友送的，说是以前的外形要好过今年。用水一冲，即刻舒展，颗颗直立，叶片翠绿泛白，香气淡雅，汤色纯净，入口是很干净的淡然。

呀，原来是九华佛茶！

九华山是地藏菩萨的道场，而地藏王菩萨是我最为亲近的一位菩萨。汉传佛教四大菩萨，其实彼此是一种相互印证：一位修行者，首先要有广袤如大地的心愿，还要有观察世间百千万种音声、从而希望众生离苦得乐的慈悲，这样才能够保持愿力不会衰减。而要想能够自度度他、救度众生脱离轮回，不仅仅要拥有妙吉祥的大智慧，更要有精进勇猛的身体力行，是以四菩萨以如此名号现世——大愿地藏、大悲观音、大行普贤、大智文殊。

而地藏菩萨的一句誓言——"地狱不空，誓不成佛"，曾经让我热泪

盈眶。不仅仅是地藏菩萨的愿行令人感动，他更是代表了大地的一切特性。

　　每个人都应该热爱大地。大地具有七种无上的功德：①能生，土地能生长一切生物、植物；②能摄，土地能摄一切生物，令其安住自然界中；③能载，土地能负载一切矿、植、动物，令其安住世界之中；④能藏，土地能含藏一切矿、植等物；⑤能持，土地能持一切万物，令其生长；⑥能依，土地为一切万物所依；⑦坚牢不动，土地坚实不可移动。而作为守护众生的菩萨，地藏菩萨处于甚深静虑之中，能够含育化导一切众生止于至善。

　　每一个想要觉悟的人，都应该深深地扎根于大地，观察自然真实的变化，那就是在观察自己的心灵。当他安忍不动如大地之时，自性的光芒将纯净地升起，照耀寰宇。我看重茶、热爱茶、敬仰茶，也是因为如此啊，茶是大地生长出的而又能代表大地的伟大植物。尤其是九华佛茶。它从地藏菩萨的慈悲中生长，带来土地真正的芬芳，让水如同甘露般纯净，让我的心如大地般安宁。

喝罢九华佛茶，心境如同净月轮空，清凉、清净，安然、淡然。

老丛梨山：冷露无声

新店忙着开业，全体筹备的同事各自忙乱。在郑州租住的单元房，一早一晚、一出一进，脚步匆匆，从未留意周边。这几天突然有暗香隐隐，不离不弃，幽然随行。纵是夜晚，趁着小区的灯光，看到几棵金桂，肥叶油绿，星星点点，香气透体柔然，想起王建的诗"冷露无声湿桂花"，一时疲累暗消。

坐在沙发上，懒懒地不想动。还是找出一泡去年的老丛梨山。梨山地处台湾南投县最北端，与台中县及花莲县交接，梨山茶也是高山茶，一般生长在海拔 2400 ～ 2600 米之地，茶叶经过风霜雨雪的磨砺，品质优异，尤其是福寿山农场所产的茶更是台湾茶中之名品。恰好，我这泡梨山茶就来自于福寿山。看干茶颗粒紧结，暗沉有光，倒不是很大，尤其有些小粒，当是单片叶所揉。也许是我选的水的问题，没有期待中的高扬香气，反而幽静沉郁。汤色倒是正黄中透着绿，因为是专做台湾茶的茶友所送，我也知道他家在台湾的几处高山茶园，所以，不疑有他。品尝几口，水质带涩，香气优雅，不是俗艳，却是高山上果树林里月夜

般的冷香。也许更适合冷泡，我特意放冷一杯，再喝，果真甘甜顺滑，香气如果似蜜。

　　根据我个人的经验，台湾茶的香气别走一路，确实出众，不过水质偏薄，如果延长浸泡时间，并不是像一些茶友所说的绝无涩感、一有涩感就不是台茶，还是会有涩，不过苦感甚少。这种特点其实通过冷泡能够很好地解决，所以在台湾，冷泡尤为流行。我却不喜欢冷泡，茶性本寒，加上冷水，寒上加寒。因为天热加之现代人饮食燥性大，很多人还觉得喝冷泡茶很舒服，几个月都没什么不良感觉。其实寒性已经暗暗透入血脉，血脉运行渐渐凝滞不畅，增加了很多寒邪内侵的病患，反而得不偿失。

　　喝过梨山，再次证明我最喜欢的台茶还是杉林溪和大禹岭。茶，要热泡，才能出真味、况味，才能在慢慢温凉之中感受人生变幻。

宁红龙须茶：五彩络出安宁世

我很久不喝宁红了。宁红是我小时候鼎鼎有名的红茶，老人们都说："先有宁红，后有祁红"。然而这几年，在全国一片红的气氛里，宁红却有点销声匿迹的感觉。说"全国一片红"，是因为红茶在中国所有产茶省份皆有出产，而且表现都不俗——龙井可以做红茶，就是九曲红梅；闽红出了金骏眉，一时间声名赫赫；台湾省还有红玉，滋味、香气皆为上品；川红、英红、宜红、滇红……各擅所长，各有特色；就连河南都出了信阳红，成为红茶新贵。在这看不见硝烟的茶叶战场上，江西的宁红，真的是默默无闻了呢。

机缘巧合，得到茶友寄来的宁红野生茶和龙须茶。宁红野生茶的滋味我还算熟悉，唯一不同的就是金毫很少，倒和原来见到的不同。看到龙须茶我可是激动了，立刻决定把它封存作为标本保留。这可是历史的见证啊。

其实龙须茶的外形很像小一号的普洱"把把茶"，根根直条，色泽乌黑油润。而底部用白棉线紧扎，通体再用五彩丝线络成网状。早期宁红也是出口产品，每一箱宁红散茶约 25 公斤，第一批优质宁红的箱子中，要用龙须茶盖一层面，作为彩头。而龙须茶的冲泡也和一般红茶不同，

更适宜用玻璃直筒杯或玻璃盖碗，冲泡时，找到彩线头，抽掉花线后放入杯中，此时整个龙须茶便在茶汤基部成束下沉，而芽叶朝上散开，宛若一朵鲜艳的菊花，若沉若浮，华丽明艳。

当茶叶越来越无法出尘，而被市场引导成为失掉特色、一窝蜂逐利而去的时候，能看到如此传统的龙须茶，我的兴奋可想而知。拍完照后，我把龙须茶包好，放进自己的茶叶柜内。龙须茶产自江西修水，而修水元明清时皆称为宁州，故而所产工夫红茶为宁红。不管历史如何演变，人们对安宁和幸福的追求永远都不会变。我期望着在社会发展的同时，我们能够保有自己的传统，就像宁红龙须茶一样，默默地用五彩丝线结成对生活的祝愿、对幸福的渴望。

奇兰：兰之猗猗，扬扬其香

我的一位朋友特别喜欢奇兰，便送了我半斤。爱茶人就是这样，自己喜欢的总想着去与友人分享。

我以前是没有接触过奇兰的，趁着品饮，便也赶紧了解一些。奇兰原产于广东，但是送给我的据说是牛栏坑的，属高山乌龙茶，因为带有馥郁的兰花香，故而有了这样好听的名字。而奇兰种类也很多，有白芽奇兰、金面奇兰、早奇兰、慢奇兰、青心奇兰、竹叶奇兰等。白芽奇兰以其芽上生有白绒而得名，是奇兰中名气最大的一种。

当天品饮的应该是传统手法炭焙的奇兰。外形紧结，色泽乌润带绿，汤色黄橙清亮，兰花香气浓郁，滑爽回甘，叶底带红色斑块，较耐冲泡，但是水质略显薄。

奇兰的香和铁观音的感觉不一样。铁观音的香高扬，但是新法制作的铁观音我总觉得青草气息太重，香得不厚重、不雄浑，与焙火的岩茶那种火香的味道差距还是很大。奇兰的香，在浓郁中带着灵动，在高扬中带着抑制，不冲鼻，却绵长。

奇兰的名字中带个"兰"字，倒是确实有兰的神韵。兰花有很多种，我看很多人的家里都有蝴蝶兰，在新加坡看到了很多万代兰，泰国也有

不少石斛花，在中国也叫兰花的，那些都是热带的兰花，是张扬而艳丽的，我心目中的兰花就是一种——中国兰。中国兰是文人画里案头的小品，柔韧弯曲带弧形的叶条，花如莲瓣，又似佛手，雅致微张，香气浓郁，但又轻灵飘忽，山风吹来，花气袭人。实际上，兰花并不柔弱，只是那一盆盆的盆栽已经失去了山川之气的润泽，才容易枯萎死亡。那些野生在山石间、森林中的兰花，都是强壮的。我曾在苍山之中人迹较少的山坡上偶然遇到一株兰花，叶带露珠，花朵摇曳，香气萦绕不去，而当你认真去闻时，却又难以捉摸。那种香气配着山风松泉之气，是放在室内的兰花不可相比的。

兰花的香在于山野而不在于娇惯，茶叶的美在于水火之功而不在于香而无韵，所以我一直主张，制乌龙茶还是用传统的制法体现焙火功夫的好。经过磨砺，能够直面粗糙的环境，才能成长为真正的自我。

奇兰也许是茶中最得兰花真髓的，做人呢？便也应该如此吧。一起分享一杯奇兰吧。

杉林溪：不同桃李混芳尘

春天的讯息，在墙角偶尔伸展的一支桃枝上，在那飘零一地的粉白花瓣里。春天的花，都充满了软玉温香的春情——桃花花色妖娆灿烂，诗云：残红尚有三千树，不及初开一朵鲜。赏花人之于桃花，仿佛寻欢者之于艳遇，只能图个鲜，一次便要尽兴。又有几人情能久？梨花楚楚动

人，清白孤冷，然而冷而不庄，易失高洁，反堕红尘；杏花温暖玲珑，春意盎然，"芍药婀娜李花俏，怎比我雨润红姿娇"，《西游记》里的杏仙，算是妖里既不讨我们嫌，又没怎么让唐僧怕的，不过爱它之余，难免有轻浮之叹；樱花翻飞飘舞，凄美灵动，可是带给人更大的绝望：那种无法拒绝和控制的欲望，除了死亡，任何方法都不能干脆断送。

在这本应该蠢蠢欲动的季节里，静谧的只有那密密苍林。而台湾南投阿里山的怀抱里，杉木和着浅碧的溪水，裹住了四时不变的春意。

朋友的朋友从台湾来大陆做生意，带来一罐杉林溪。朋友又转送给了我。江南何所寄？聊赠一枝春。我打开这罐春天，看到那绿而乌润的半球，闻到的是安然而静幽的冷香，浓郁中透着一丝丝杉木的清香。烧沸千岛水，开我黄金瓯，微扬清泉流，水花露凝香。这杉林溪的水啊，怎一个"蜜绿"了得！那透亮的清澈，绿色中带着黄金，喷薄而出的树木之香，如同高山杉林里拂面而过的春风。这就是杉林溪茶的魅力了。它是台湾茶里少有的香气和茶汤达到均衡的一款茶。杉林溪在台湾南投竹山镇，属阿里山支脉，茶场的海拔在 1200 米以上。这样的高度决定了茶树生长较慢，累积的内容物质就多，茶汤虽然清澈明净，却能保有良好的厚度，而香气便也浓郁，还混合了山间那春樱、夏鹃、秋枫、冬梅以及杉林的幽香，这是别的茶无法比拟的。

台湾啊，什么时候我能真正地去看那杉林溪的春？我想，这一天，应该不远了吧？饮下茶碗里的杉林溪，香醇悠然。

汀布拉：癯影醉红满池香

一直不是很喜欢睡莲，虽然她和莲花是同种同属。香远益清、亭亭净植，是莲花特点很好的概括。睡莲的花，没有莲花那么丰满含蓄，带有佛性；睡莲的叶，没有荷叶那么风舞韵致，绿意宛然。我一个作秀导的朋友也会画很好的油画，我要搬一间新的办公室，他计划画一幅莲花给我装饰新的办公室，问我想要什么样子的，说莫奈那幅著名的画那种感觉很不错。我直接说，不要睡莲，我要的是莲花！他反应了半小时，才明白我的意思。

其实我想想，也不是完全排斥睡莲。在北京大董烤鸭店工作的期间，我租的房子在团结湖，家里

有三个花瓶。一瓶是腊梅，一瓶是水竹，还有一瓶原来常插的是百合，有时候也有雏菊，有一次花店里这两样花都不新鲜，看见了紫色的睡莲，就买了几只。紫睡莲花每年只开七天，外面是带有魅惑的紫色花瓣，中间有许多金色的花柱，里面有一个含苞欲放的花蕊，只有在凋谢的前一刻才会张开。从我的内心里，感觉紫睡莲有着灭魔化佛的灵力，它没有凤凰涅槃的惨烈壮丽，却有着立地成佛的彻悟。

　　望着花瓶里的紫睡莲，我突然想为它泡一壶茶。选来选去，拿出了斯里兰卡汀布拉高地 Laxapana 茶园的 BP（切碎红茶：Broken Pekoe）。汀布拉的茶更适合调制奶茶。打开封口，是淡淡的野玫瑰花的香气，没有中国红茶那般浓郁的芬芳。细碎的茶粒，还可以看到金色的小茶梗，这是国外 CTC 制茶机器连切的结果。红茶要用最新鲜的水才能激发无穷的内蕴，所以把瓶装的山泉加了一半自来水，为了让水体里的氧气更丰富。烧沸的水浸润红茶大概 3 分钟，留下了一杯红艳的茶汤。香气里带着苦涩，拿出准备好的牛奶冲了进去（记住一定是用奶加入茶，而不是用茶去冲奶）。试了几回，都不够融合，大约水和奶 3:1 的时候，香气稳定了，奶茶柔和芬芳，嘴里充满了顺滑的感觉。

给泡好的奶茶和一支紫睡莲留了影，她依然收拢着花瓣。把花苞拿到鼻子前，闻到仿若净土世界般的香气。心中涌起一句话："In me the tiger sniffe the rose"——心有猛虎，细嗅蔷薇。

昔归茶：陌上花开缓缓归

接触普洱茶以来，我自己喝过的茶不在少数。从山头来说，我自己最喜欢的是蛮砖产的茶叶。可是，这不能阻挡我对"昔归"这个词的喜爱。我是那种看见美好的词汇甚至一个中国字就会着魔的人，虽然我知道"昔归"大概是傣语用汉字的记音，但是这两个字确实拨动了我的心弦。看到这两个字，我脑海里蹦出的第一句诗词就是："陌上花开，可缓缓归矣。"

这句话是钱镠说的。钱镠大概是个英气逼人的男子，因为他是五代吴越国的开国君主。这样的君主，和享受祖先功劳的君王是不同的，应该武功卓绝、横刀立马；而他大概又是一个儒雅谦和的男子，因为据说

2009年昔归

他尊崇佛教，甚至推广传印了《大悲陀罗尼神咒》，这殊胜的咒语及坛城图案今日已经失传。也有说就是后来的《大悲心陀罗尼神咒》——观世音菩萨的法门，其实，重要的不是这陀罗尼，而是那个男人的发心。抛去这文治武功，可以肯定的是，他是一个深情款款的男子，因为他说过一句让人心中充满热望、眼中饱含深情的话语："陌上花开，可缓缓归矣。"

　　这句话是他对他的"后"说的，这位女子居然仍然是他的原配。钱镠的原配夫人戴氏王后，原本横溪郎碧农家之女，半生随钱镠东征西战，吴越国建国后，思乡情切，每年都要归乡省亲。钱镠也是一个性情中人，最是念这个糟糠结发之妻。戴氏回家住得久了，便要带信给她：或是思念、或是问候，其中也有催促之意。又一年,戴氏归家。钱镠在杭州料理政事,一日走出宫门,却见凤凰山脚、西湖堤岸已是桃红柳绿,万紫千红,想到与戴氏夫人已是多日不见,不免又生出几分思念。回到宫中,便提笔写上一封书信,虽则寥寥数语,但却情真意切,细腻入微,其中有这么一句:"陌上花开,可缓缓归矣。"戴氏读后,当即珠泪双流,即刻动身返回杭州。

"陌上花开,可缓缓归矣。"只是九个字,质朴平实,然而情愫之重令人几难承受;"昔归",是两个字,忆往昔,盼归人,也如杜鹃啼血,情何以堪。更兼之,也许怀念的是那旧日的时光,那一瞬的花开、一瞬的花灭;一瞬的爱,一瞬的消散。可是,那是回不去的,才更让人平添怅然。

所以,泡这壶茶的时候,我格外安静。紫砂井栏小壶,白瓷莲花品杯,带着翠竹的公道,千岛湖的泉水,我是不是也想营造几分江南的神韵?倾出茶汤,香气高扬,韵如兰花,汤色皎然,月华泻地。茶汤倒是像班章的感觉一般,虽没那么霸气,可是苦底明显,回味持久。水路格外细腻,涩感微而不显。这茶还真是配这个名字啊,原来盼归就是这般的苦,却也这般的久久心绪难平、月华如水,平静得一如望过几世的沧海桑田。

正山小种如朝雨

品正山小种,最适合夏初朝雨时分。

夏火流丹,榴花正好,朝雨倾洒,土气泛新。空气中弥漫着林木湿润的味道,一泡正山小种,带着同样的气息,浸润羁旅人的心。

我喜欢正山小种的烟气。曾经有很多人喜欢它的香,四下弥散,不加遮掩。我却觉得正山小种的香还是隐忍低回的,虽然无处不在,可是伴了松烟深沉的阴影,并不是那种欢快的歌唱,而是孤独的沉吟。正山小种的外形也不那么张扬,褐润中带着遮遮掩掩的金,细看,却有如铁观音般的砂点。

品正山小种，更好的是配了龚一先生的《渭城曲》。龚先生弹得和别人不同，带着几分散漫、闲适、无奈、凄清、寂寞……就是那么一种特殊的杂糅，然而却十分契合品正山小种的心境。

"渭城朝雨浥轻尘，客舍青青柳色新。劝君更进一杯酒，西出阳关无故人！芳草遍如茵。旨酒，旨酒，未饮心先已醇。载驰骊，载驰骊，何日言旋辚？能酌几多巡！"古琴律动，音罩八方。抑扬顿挫之间，心思已经在天际遨游，琴曲并不绵密，然而却牢牢抓住你的心，琴弦停歇，心弦仍自起伏，然而不论什么心绪放在天地之间时都觉得莫要执著，唯心归于寂然。

故交离散，然而无论彼此身在何方，亦可遥敬一杯茶吧？振衣起身，茶汤已冷，挥散一室沉香。

正山小种（烟桐木关）

紫鹃流光

茶圣陆羽曾言："茶者，紫者上，绿者次；野者上，园者次；笋者上，牙者次；叶卷上，叶舒次。"

因而，茶叶中带紫者皆为上品。陆羽一生爱茶学茶，他的评价来源于大量的实践，还是非常值得采信的。所以，顾渚紫笋一直以来盛名不堕。这种茶叶中的"紫"，是生长的茶树尤其是芽叶出现了部分紫色的变异，顾渚紫笋是，紫芽是，紫条亦是。

但，紫鹃不是。

因为陆羽终其一生，未涉足云南，尤其对云南乔木型茶树基本未接触，所以乔木茶里的紫色品种，陆羽并不知晓。而紫鹃茶是云南茶科所通过不断强化自然界紫色变异的茶树，而最终产生的新的半乔木型茶种。紫鹃茶可以做到全叶皆紫，而且娟秀挺隽，故而得名。其名甚为贴切，世人评《红楼梦》里的丫鬟紫鹃"大爱而劳心"，紫鹃茶亦然。

为什么这么说？通常植物呈现紫色是其花青素含量偏高的缘故，比如蓝莓、比如紫薯。花青素是一种很好的抗氧化剂，属于黄酮类，虽然对健康来说它是很好的东西，但是在口感上来说，它呈现明显的苦和涩。陆羽所处时代，茶的主流饮用方法还是菜茶饮法，而茶基本上都是绿茶，红茶、乌龙、黑茶都未出现。因而陆羽所说紫茶为上，必然指茶生长期的一种状况，当是带有基于生长环境的推论性。陆羽还说，冲着阳光的山坡上又有适量林木遮挡下的茶树品质最好。所以，陆羽所说的紫，其实是一种阳生植物叶片呈现的蓝，这种蓝色在芽叶或者叶片边缘或者嫩的枝条上呈现一种近似紫的颜色。而有这种特征的所谓紫茶又恰恰是生长环境比较适宜，品质也较好的茶，所以陆羽才说茶，紫为上，这是他

紫鹃晒青

对大量的自然样本观察的结果或者总结的规律。这个规律，顾渚紫笋、紫芽、紫条这些茶都是符合的，但是实际上，紫笋、紫芽、紫条的成茶都不带紫色，不管是干茶还是茶汤或是叶底，你都看不到紫色。

紫鹃不同，它的紫色是花青素的紫，也是真正意义上的紫。我在郑州时，曾得到茶友太极兄赠我的样茶，共有紫鹃烘青、紫鹃晒青和紫鹃红茶、紫芽茶。我把紫鹃烘青和紫鹃晒青作了冲泡对比，这两个茶样的可比性更为明显。

用水皆为净月泉矿物质水，品饮时间前后不差半小时，故而海拔和品饮者身体状况的影响都是相同的。唯一不同的是我冲泡晒青茶的水温略高于冲泡烘青茶的水温，出汤时间也长一些。紫鹃的特点在两种茶中都一览无遗——真的是苦啊，而且有明显的涩感，并且这种苦和涩转化的并不能算快。紫鹃的烘青茶有很明显的熟板栗香，倒是我没想到的。通常烘青或半烘青都呈现兰花香，比如顾渚紫笋、六安瓜片或者黄山毛峰，而紫鹃烘青不论茶汤、叶底都呈明显的板栗香。紫鹃的晒青茶干茶香气好于一般当年的普洱，不是那种直白的青叶香，而是混了木香、果香的一种复合香气。两种茶都耐泡，为了品饮，我放大了置茶量，但是推测，两种茶都可冲泡八泡以上而无水味。

最好和最令人惊喜的是，紫鹃茶的汤色真的是那种淡淡的紫啊——轻柔的、澄澈的、触之即碎的紫，流光的紫，周邦彦《少年游》中挽留情人"直是少人行"那种含蓄的、带着狡黠的小爱情的紫。

急匆匆地品饮完紫鹃，看着两款茶的叶底发呆，都是那般的靛蓝。再次想到紫鹃"大爱而劳心"，觉得这茶还真是亦然，虽然较平常的茶更涩，可是花青素对于降压和抗电脑辐射确实功效显著，也是茶的劳心，也是茶对人类的大爱啊。

晚云收，丹桂参差

《说文解字》上说"桂"字："江南木，百药之长。从木圭声。"

许慎是个天才，从文字一脉别窥圣道，开创先河。不过这个"桂"，却绝非只是"江南木"，作为木樨科植物的桂花，不仅遍布川滇云贵，就连中原的河南，也广有种植。古人说桂花为百药之长，所以用桂花酿制的酒能达到"饮之寿千岁"的功效。《本草纲目》记载：木樨花辛温无毒，同百药煎、孩儿茶做膏饼嚼，生津辟臭，化痰，治疗风虫牙痛。同麻油煎，润发，及做面脂。《本草纲目拾遗》记载：桂花露，桂花蒸取，气香，味微苦，明目疏肝，止口臭。桂花香气可以通天，又可以百搭，自然深得重视和喜爱。

另有一种"桂"不是木樨科的，却一样得人喜爱，就是肉桂。肉桂是樟科植物，一样香气高辛，且暖胃功效很强。外国人喜欢把肉桂研为粉末，洒在咖啡或者奶油之上，别有一种隽永的香气。

最传统的潮汕工夫茶，要用牛眼小杯，足焙火的乌龙茶，浓酽的一口，香气隽永

肉桂、桂花都是香气宜人，抚慰人心。还有一样，和"桂"字沾边，借了桂之名——武夷岩茶中之名丛也。武夷岩茶里有三种常见的名字带有桂字的茶，一种叫丹桂，一种叫黄金桂，还有最著名的肉桂。望名生义，肉桂茶香气像肉桂般辛锐高扬，牛栏坑产的肉桂茶品质甚佳，江湖之中简称"牛肉"是也。黄金桂，香气似桂花，也是走的高香的路子。

今天，咱们单说说丹桂。丹桂是福建省农业科学院茶叶研究所从武夷肉桂的天然杂交后代中，采用单株选种法育成的乌龙茶与绿茶兼制新品种。1998年2月通过福建省农作物品种审定委员会审定，成为省级优良品种。作为一个新品种，丹桂自然有它比较突出的特点。

丹桂对茶农来说，最大的优势是早熟。在常年4月20日前后可采制乌龙茶，与黄旦相近，分别比铁观音、肉桂早7天和12天左右。对茶客来说，丹桂最大的好处是香，香得无遮无拦，

但是香得有根基。丹桂适宜中焙火,香气会演变成一种杂糅了桂花、肉桂、百草、林木、松风般的味道,让你舒服极了而又描述不出。辞穷时,百爪挠心,却有丹桂的香气萦绕着,便不执著,单要这一口好茶香。

这个世界上,特点特别突出的东西,往往缺点也十分明显。人有悲欢离合,月有阴晴圆缺,此事古难全。丹桂的茶汤,苦味甚重。如果重泡,其苦味之尾韵甚像黄连。那么丹桂是好茶吗?我倒觉得这苦味无妨丹桂的品质,就像用人,我们用的是人的特点,大凡有特点的人,都有些怪脾气。用其所长,收束其心,事可成矣。冲泡丹桂,可以适当减少 1～2克干茶投茶量,温润泡之后,第一泡即冲即出,以后每泡增加 3～5秒即可,可以连续泡 7～9 遍。

丹桂的茶汤,色泽较一般中焙火岩茶深重,黄中带红艳,却正应名中的"丹"字。如果伴着落霞冲泡一碗丹桂,嗅着可比桂树之香,遥望苍穹,心里可能看见广寒宫里的桂影婆娑?待得几泡之后,茶气一通,嘴中回甘,通身舒爽,倒还真是回到"百药之长"上去了。

名家说李韬及 "味之道"

李韬的美食文字多数和他的行走经历有关，我曾经把《特色美食里的风情》作为自己的枕边书多次翻看。从大理回来的当天，又收到李韬的新书稿《海菜花在海菜腔里永恒》勾连起我在苍山洱海边的日子。一种吃食（海菜）引出了一种民族文艺形式（海菜腔），这让我对大理美食、对只能在无污染环境里生长的海菜更加喜爱了。海菜只是云南的特产，吃不到海菜，就用李韬的文字安慰我们的味蕾思念吧。

——董克平

（央视《中国味道》总顾问，《舌尖上的中国》顾问，著名美食家）

身边美食圈的朋友都在写书，没有一本书是浪费纸张的，每一个人有自己对事物的看法，对美食的见解亦有不同，造就了每一本书有着不同的属性和功用。我喜欢这本书是因为它东一榔头西一棒槌，轻松随便。你可以随意捡取自己喜欢的段落读，可以破除先后顺序，它就像一个指南针，追本溯源，尽量完整地讲述每一种吃食本来应该具有的味道。它也是一本教科书，记录着某一种食物的诞生和发展。作者没有急于表述自己的见解，仅以旁观者的姿态讲述着事物的本真。

——秦洲同

（*TravelerWeekly*《味道》刊执行主编）

遇到李兄时，我还在忙活央视厨艺大赛，非常希望找到一位嘉宾在节目中评论美食时，可以除谈及加工方法、健康食疗外，多谈些食物本身亦或是背后的故事。恰恰就在那时我被李韬文章特有的张力拽着进入了他的美食世界。

在他笔下：文化的脉络支撑着传承有序又神秘变化的每一种我们身边的美味佳肴！各种美味佳肴由他娓娓道来，细致入微且引人入胜。阅读时常把自己和他讲的美馔暗自结合，导致口水分泌加速，尤其夜深人静、灯火阑珊时千万不要捧着李韬的美食书籍，因为那是致命的诱惑！尤其对于我们这些吃货！一晃许多年了，一直如此！

——食尚小米

（中央电视台美食节目策划，微博八十一万粉丝的旅行家、美食评论家）

清朝的李渔在《闲情偶寄》里说，好酒者必不好茶。反过来倒不一定。喜欢茶的人必有清雅之趣。喜欢美食的人一般都是富有生活乐趣的人。而把品茶的敏锐用在品酒之中，自然也会有一番趣味。

初识李韬，他的身份是餐饮行业的管理者。认识久了，发现他对茶很在行。再后来，突然有一天收到他写茶、写美食的大部著作，才知道他对茶和美食不止是喜爱，而是很有研究了。

在美食圈子里，爱吃的人很多，能写的人也不少。但是真正对茶和美食充满热情，而又能描述得绘声绘色的人，其实并不多。李韬算一个。

李韬在美食圈里的丰富经历，经他的才华和热情铺展在这本书里。跟随他，可以找到各种乐趣。

——叶 军

（《中国日报》社（*China Daily*）资深美食记者）

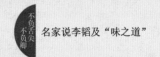

关于美食的文章，简单说可以划分为三种形式。

各种食物和感官的描述在字里行间恣意，是为一种——以食写食，好处是直观，边读边觉得味觉神经被想象莫名地摧残。

另一种是以情事带出食物的精气神，看似一片热忱之心，实际上作者早把味觉的通感编排进了故事大纲，演练下来只觉意犹未尽。

还有一种味道分子，下笔几乎不提食物的事，轻描淡写一笔带过，貌似笔墨和味道完全无关，但读罢文章却惊觉脑内一片空白，食物的魂魄已经填满思维的空间。

身为京城美食帮的一员，李韬的文风并不华丽，他笔下只有两个字——真挚。以上三种手法的任一种，无论食物描述还是故事铺展，在他文章中都有很强的临场感。对于美食文章来说，能让读者有这种感受，恰是最难拿捏。因为这与中国画的白描一个道理——概括洗练的同时，还要做到活色生香。

——周　周

（媒体人，半个吃货。曾任《中国国家地理》编辑主任、《天下美食》执行主编，现投身于新媒体领域。认定食物与一个民族的人文气质密切相关，脱离了这一基本物质基础，势必导致文明发展受限，尤其是建立在农耕文明根基之上的中华各民族）

旅游教育出版社数字中心数字业务推荐

传统纸书出版，我们一如既往为作者提供精细化出版服务！

数字出版业务，我们已经起程！

数 字 业 务

移动客户端应用 APP【好玩好吃】

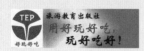

免费旅游生活类服务应用 APP【好玩好吃】，被工信部电信产业研究院评选为 APP 优秀应用案例

用【好玩好吃】，玩好吃好。

好玩好吃：为旅行者吃、住、行、游、购、娱需求提供贴心、随时随身的服务；

为移动互联时代的旅游企业提供精准的、直达消费者的营销服务；为咨询公司、高校科研项目主持人提供项目方量身定制的落地于手机、pad 宣传服务。

三种下载方式，速来享用【好玩好吃】：

旅游社会化媒体（SNS）监测

信息聚集、传播的方式已经发生转变，旅游管理部门、企业、科研机构迎来全新的发展机会。旅游 SNS 监测，让使用者"耳聪目明"，掌控主动。

使用旅游 SNS 监测系统，我们可以做到：

引入不受干预的第三方评价，指导营销方向，衡量营销与经营成效。

——追踪口碑传播。

——定位意见领袖。

——侦测分级市场。

——评估营销效果。

——发现危机苗头。

合作联系：旅游教育出版社数字中心

赖编辑　mslai@foxmail.com　电话：010-65778402

新浪微博 lilylai－数字出版

策　划：赖春梅
责任编辑：张　娟

图书在版编目（CIP）数据

不负舌尖不负卿 / 李韬著. --北京：旅游教育出
版社，2013.9
（味之道）
ISBN 978-7-5637-2674-5

Ⅰ.①不… Ⅱ.①李… Ⅲ.①饮食—文化—文集
Ⅳ.①TS971-53

中国版本图书馆CIP数据核字（2013）第132004号

（味之道）
不负舌尖不负卿
李韬 著

出版单位	旅游教育出版社
地　址	北京市朝阳区定福庄南里1号
邮　编	100024
发行电话	（010）65778403　65728372　65767462（传真）
本社网址	www.tepcb.com
E-mail	tepfx@163.com
印刷单位	北京利丰雅高长城印刷有限公司
经销单位	新华书店
开　本	710毫米×1000毫米　1/16
印　张	13.25
字　数	154千字
版　次	2013年9月第1版
印　次	2013年9月第1次印刷
定　价	36.00元

（图书如有装订差错请与发行部联系）